Schriften zum Wirtschaftsingenieurwesen

Reihe herausgegeben von
Lukas Schmid, St.Gallen, Schweiz

Die Anforderungen der Industrieunternehmen an ingenieurwissenschaftlich ausgebildete Fachkräfte haben sich verändert: Immer häufiger sind Expertinnen und Experten gefragt, die Ingenieurkompetenzen, betriebswirtschaftliches Wissen, Sprachkenntnisse und interkulturelle Kompetenzen in sich vereinen.

Die Reihe „Schriften zum Wirtschaftsingenieurwesen", herausgegeben durch Prof. Dr. Lukas Schmid, trägt diesem Anspruch Rechnung, indem die dafür notwendigen Grundlagen der verschiedenen Disziplinen auf verständliche Art und Weise vermittelt werden. Dabei werden ingenieurwissenschaftliche und betriebswirtschaftliche Kompetenzen vermittelt, die angehende Fachkräfte dazu befähigen, relevante Entscheidungsgrundlagen und Handlungsoptionen im Umfeld industrieller Unternehmen zu entwickeln.

Stefan Rinner

Physik für Wirtschaftsingenieure

2. Auflage

Stefan Rinner
Departement Technik
OST – Ostschweizer Fachhochschule
Buchs, Schweiz

ISSN 2523-8485   ISSN 2523-8493 (electronic)
Schriften zum Wirtschaftsingenieurwesen
ISBN 978-3-658-47959-6   ISBN 978-3-658-47960-2 (eBook)
https://doi.org/10.1007/978-3-658-47960-2

Die Deutsche Nationalbibliothek verzeichnet diese Publikation in der Deutschen Nationalbibliografie;
detaillierte bibliografische Daten sind im Internet über https://portal.dnb.de abrufbar.

Zeichnungen: Tobias Neufeld
Satz: Stefan Rinner
Layout: Tobias Weh (tobiw.de)
Springer Gabler ist ein Imprint der eingetragenen Gesellschaft Springer Fachmedien Wiesbaden GmbH und
ist ein Teil von Springer Nature.
Die Anschrift der Gesellschaft ist: Abraham-Lincoln-Str. 46, 65189 Wiesbaden, Germany

Wenn Sie dieses Produkt entsorgen, geben Sie das Papier bitte zum Recycling.

Inhaltsverzeichnis

1	**Was ist Physik?**	**1**
1.1	Eine kurze Geschichte der Physik	1
1.2	Teilgebiete der Physik	3
1.3	Physikalische Grössen und Einheiten	4
	1.3.1 Physikalische Grössen	4
	1.3.2 Basis-Einheiten der Physik	4
	1.3.3 Grössenordnungen	6
	1.3.4 Physikalische Messung	7
2	**Kräfte und Gravitation**	**11**
2.1	Der Begriff Kraft	11
2.2	Statik	12
2.3	Wirkungen von Kräften	12
2.4	Gleichgewicht eines Massenpunktes	13
2.5	Gleichgewicht starrer Körper	14
2.6	Beispiele für Kräfte	16
	2.6.1 Gewichtskraft	16
	2.6.2 Federkraft	16
	2.6.3 Kontaktkraft	18
	2.6.4 Reibungskraft	18
3	**Kinematik**	**25**
3.1	Der Ortsvektor	25
3.2	Geradlinige Bewegung	26
	3.2.1 Geradlinig gleichförmige Bewegung	26
3.3	Krummlinige Bewegung	28
3.4	Der freie Fall	30
3.5	Der vertikale Wurf	31
3.6	Der horizontale Wurf	32
3.7	Kreisbewegung	34
	3.7.1 Zusammenhang von Translations- und Rotationsbewegung	36
	3.7.2 Zentripetalkraft und -beschleunigung	36

4   Newton'sche Axiome und Gravitationsgesetz   **41**
4.1   Die Newton'schen Axiome   41
    4.1.1   Schwere und träge Masse   42
    4.1.2   (Massen)Trägheitsmoment   43
4.2   Newton'sches Gravitationsgesetz   45

5   Arbeit, Energie und Leistung   **47**
5.1   Definition der Arbeit   47
5.2   Arbeitsformen   48
    5.2.1   Hubarbeit   48
    5.2.2   Federspannarbeit   50
    5.2.3   Beschleunigungsarbeit   51
5.3   Leistung   52
    5.3.1   Die Leistung einer konstanten Kraft   52
5.4   Energie   52
5.5   Energieformen   53
    5.5.1   Potentielle Energie   53
    5.5.2   Federenergie   53
    5.5.3   Kinetische Energie   54
    5.5.4   Energieerhaltung   54

6   Impuls und Drehimpuls   **57**
6.1   Impuls   57
6.2   Impulserhaltungssatz   58
6.3   Stossprozesse   59
    6.3.1   Vollkommen inelastischer Stoss   59
    6.3.2   Zentral elastischer Stoss   60
    6.3.3   Nicht-zentraler elastischer Stoss für $v_2 = 0$ 60
6.4   Systeme mit veränderlicher Masse   61
6.5   Drehimpuls   62

7   Kepler'sche Gesetze, Feld und Potential   **67**
7.1   Kepler'sche Gesetze   67
7.2   Theorie der Kepler-Gesetze   69
7.3   Satellitenbahnen   70
7.4   Gravitationsfeld   73
    7.4.1   Das Kraftfeld der Gravitation   73
    7.4.2   Potentielle Energie im Gravitationsfeld   74
    7.4.3   Gravitationspotential   75
    7.4.4   Äquipotentiallinien/-flächen   76

8   Fluidstatik   **77**
8.1   Begriffsklärung   77
8.2   Das Gesetz von Pascal   78

8.3	Ideale Gase	80
	8.3.1 Gesetz von Boyle-Mariotte	80
	8.3.2 Barometrische Höhenformel	80
	8.3.3 Gesetz von Dalton	81
8.4	Ideale Flüssigkeiten	82
	8.4.1 Eigenschaften idealer Flüssigkeiten	82
	8.4.2 Druckausbreitung in einer Flüssigkeit	82
	8.4.3 Hydraulische Presse	82
	8.4.4 Schweredruck	83
	8.4.5 Hydrostatisches Paradoxon	84
	8.4.6 Kommunizierende Röhren	85
	8.4.7 Auftrieb und Archimedisches Prinzip	86
8.5	Reale Flüssigkeiten	89
	8.5.1 Oberflächenspannung	90
	8.5.2 Kapillarität	92
9	**Fluiddynamik**	**93**
9.1	Strömung idealer Flüssigkeiten	93
9.2	Kontinuitätsgesetz	94
9.3	Stationäre Strömung	95
	9.3.1 Bernoulli-Gleichung	96
9.4	Strömung realer Flüssigkeiten	101
	9.4.1 Laminare Strömung	102
	9.4.2 Turbulente Strömung	102
	9.4.3 Reynolds-Zahl	103
	9.4.4 Strömungswiderstand	104
	9.4.5 Dynamischer Auftrieb	107
10	**Freie, ungedämpfte Schwingungen**	**113**
10.1	Schwingungen in Natur und Technik	113
10.2	Grundgrössen von Schwingungen	114
	10.2.1 Mathematische Beschreibung	117
10.3	Aufstellen der Schwingungsgleichung	119
	10.3.1 Horizontales Federpendel	119
	10.3.2 Vertikales Federpendel	121
	10.3.3 Drehpendel	122
	10.3.4 Mathematisches Pendel	123
	10.3.5 Physikalisches Pendel	124
10.4	Lösen der Differentialgleichung	126
11	**Freie gedämpfte und erzwungene Schwingungen**	**129**
11.1	Gedämpfte Schwingungen	129
11.2	Geschwindigkeitsproportionale Reibung	130

11.3   Konstante (trockene) Reibung   133
11.4   Erzwungene (gedämpfte) Schwingung   134
       11.4.1   Resonanzkatastrophe   137
       11.4.2   Zusammenfassung Resonanz   138

12   Elektrisches Feld   141
12.1   Elektrische Ladung   141
       12.1.1   Ladungserhaltung   143
12.2   Elektrische Leiter und Nicht-Leiter   143
       12.2.1   Coulomb-Gesetz   144
12.3   Elektrisches Feld   146
       12.3.1   Zusammenfassung Feldlinien   150

13   Elektrisches Potential und Spannung   153
13.1   Elektrisches Potential   153
       13.1.1   Elektrisches Potential einer Punktladung   153
       13.1.2   Elektrisches Potential einer diskreten Ladungsverteilung   155
13.2   Elektrische Spannung   157
13.3   Kontinuierliche Ladungsverteilungen   160
13.4   Satz von Gauss   160

14   Influenz   165
14.1   Leiter im elektrischen Feld   165
       14.1.1   Influenznachweis   167
       14.1.2   Methode der Spiegelladung   169
14.2   Influenzgesetz   170

15   Elektrische Netzwerke   177
15.1   Netzwerkberechnung   177
       15.1.1   Ideale Quellen   177
       15.1.2   Elektrische Verbraucher   179
15.2   Ohm'scher Widerstand   180
       15.2.1   Spezifischer Widerstand   180
       15.2.2   Reihenschaltung von Widerständen   181
       15.2.3   Parallelschaltung von Widerständen   182
15.3   Kirchhoff'sche Gesetze   183
       15.3.1   Erstes Kirchhoff'sches Gesetz - Knotensatz   183
       15.3.2   Zweites Kirchhoff'sches Gesetz - Maschensatz   184
15.4   Reale Spannungsquelle   185
15.5   Elektrische Energie und Leistung   186
15.6   Wechselstromkreise   187

16   Kapazität   191
16.1   Kapazität   191
       16.1.1   Plattenkondensator   192

16.1.2   Kugelkondensator   194

16.2 Gespeicherte Energie im Kondensator ohne Dielektrikum   194

16.3 Kraftwirkung auf Kondensatorplatten   196

16.4 Isolatoren im Kondensator   197

16.4.1   Molekulare Betrachtung von Dielektrika   197

16.5 Gespeicherte Energie im Kondensator ohne Dielektrikum   199

16.6 Parallelschaltung von Kapazitäten   200

16.7 Reihenschaltung von Kapazitäten   202

16.8 Technische Ausführungen von Kondensatoren   202

16.8.1   Elektrolyt-Kondensatoren (bis $10\ mF$)   203

16.8.2   Keramik-Kondensatoren (bis $100\ mF$)   203

16.8.3   Ultra-Caps (über $100\ F$)   203

16.8.4   MEMS (Micro-Electro-Mechanical Systems)   203

17   Magnetismus I   205

17.1 Eigenschaften des Magnetfelds   205

17.1.1   Eigenschaften magnetischer Feldlinienbilder   206

17.1.2   Erdmagnetfeld   207

17.2 Magnetfeld stromdurchflossener Leiter   207

17.3 Lorentz-Kraft   208

17.3.1   Hall-Effekt   209

17.3.2   Magnetfeld bewegter Ladungen   211

17.3.3   Magnetfeld von Strömen   212

17.3.4   Magnetfeld eines Kreisstroms   213

17.4 Durchflutungsgesetz   214

17.4.1   Magnetfeld eines geraden Leiters   215

17.4.2   Kraft zwischen parallelen Leitern   215

17.4.3   Magnetfeld einer Kreisringspule   216

18   Magnetismus II   219

18.1 Induktionsphänomene   219

18.2 Lenz'sche Regel   220

18.3 Bewegungsspannung   221

18.4 Transformatorspannung   223

18.4.1   Gegeninduktion   223

18.4.2   Selbstinduktion   224

18.5 Energie des Magnetfelds   226

Schlusswort   229

Index   231

Abbildungsverzeichnis

1.1   Verschiedene Teilgebiete der Physik   3
1.2   Liberia, Myanmar und die USA verwenden kein metrisches Einhei-
       tensystem   7
1.3   Länge messen   7

2.1   Kräfteparallelogramm (links) und Kräftedreieck (rechts)   13
2.2   Ein starrer Körper ist nur dann in Ruhe, wenn sich die Vektoren zu
       einem geschlossenen Zug addieren und sich die Wirkungslinien in
       einem Punkt schneiden   15
2.3   Zur Definition des Drehmoments   16
2.4   Feder-Masse-System im Gleichgewicht   17
2.5   Kontaktkraft   18
2.6   Mikroskopische Oberflächenbeschaffenheit   19
2.7   Klotz haftet auf Teppich   19
2.8   Prinzip der Fortbewegung durch Reibung   20
2.9   Anwachsen der Haftreibungskraft bis zu ihrem Maximalwert   21
2.10   Von Haftreibung zu Gleitreibung   21
2.11   Bei der Haftreibung wirkende Kräfte   22

3.1   Ortsvektor zu verschiedenen Zeiten t_1 und t_2 im Zweidimensionalen   26
3.2   Ortsvektor zu einer Zeit t im Dreidimensionalen   26
3.3   Veranschaulichung der Grössen bei einer geradlinigen Bewegung   27
3.4   s-t-Diagramm einer geradlinig gleichförmigen Bewegung   28
3.5   Weg=Fläche unter der Kurve im v-t-Diagramm   28
3.6   Zusammenhang zwischen s-t- und v-t-Diagramm   29
3.7   Ein Stein und eine Feder werden gleichzeitig fallen gelassen: a) in
       Luft, b) in einem Vakuum   31
3.8   Weg-Zeit-Diagramm für den freien Fall aus Anfangshöhe h   31
3.9   y-t-Diagramm des vertikalen Wurfs   32
3.10   Bahnkurve (y(x)-Diagramm) des horizontalen Wurfs, sowie einige
       Geschwindigkeitsvektoren   33

3.11 Zur Veranschaulichung der Bogenlänge 34
3.12 Zur Veranschaulichung der Winkelgeschwindigkeit ω 35
3.13 Zentripetalkraft und Tangentialgeschwindigkeit zu zwei verschiedenen Zeitpunkten 37
3.14 Zentripetalkraft wird durch Kraft in der Schnur physikalisch realisiert 38
3.15 Zentripetalkraft hält die Masse auf einer Kreisbahn 39

4.1 Bewegung einer (Punkt-)Masse m auf einer ebenen Kreisbahn mit Radius R (Draufsicht) 44
4.2 Zur Illustration des Satzes von Steiner 44
4.3 Gegenseitige Anziehung zweier Massen 45

5.1 Definition der Arbeit 47
5.2 Kraft und Weg liegen parallel 48
5.3 Kraftvektor und Weg bilden einen Winkel α 48
5.4 Kraft und Weg liegen parallel 49
5.5 Kraft und Weg stehen senkrecht aufeinander 49
5.6 Definition der Arbeit bei nicht-konstanter Kraft 50
5.7 Hubarbeit an der schiefen Ebene 50
5.8 Federspannarbeit bei Vordehnung 51
5.9 Hooke'sches Gesetz 51
5.10 Beschleunigungsarbeit 52
5.11 Potentielle Energie bezogen auf verschiedene Nullniveaus 53

6.1 Elastischer Stoss 59
6.2 Inelastischer Stoss vorher 60
6.3 Inelastischer Stoss nachher 60
6.4 Der vollkommen inelastische Stoss mit zwei Massen m_1 und m_2 61
6.5 Der zentrale elastische Stoss 61
6.6 Der nicht-zentrale elastische Stoss 62
6.7 Drehmoment bewirkt Drehimpulsänderung 64

7.1 Ellipsenbahn um die Sonne 68
7.2 Veranschaulichung des 1. Kepler'schen Gesetzes 68
7.3 Veranschaulichung des 2. Kepler'schen Gesetzes 69
7.4 Verschiedene mögliche Satellitenbahnen 71
7.5 Veranschaulichung der kosmischen Geschwindigkeiten 72
7.6 Veranschaulichung der kosmischen Geschwindigkeiten 72
7.7 Gravitationsfeld einer Masse 74
7.8 Arbeit im Gravitationsfeld auf verschiedenen Wegen 75
7.9 Potential einer Masse M 76

8.1	Gesetz von Pascal: Druckgleichheit an verschiedenen Orten in einem Fluid	79
8.2	Gesetz von Boyle-Mariotte	80
8.3	Gesetz von Boyle-Mariotte	81
8.4	Zur Definition des Schweredrucks	83
8.5	Druckkraft des Schweredrucks	84
8.6	Zur Veranschaulichung des hydrostatischen Paradoxons	85
8.7	Kommunizierende Röhren	85
8.8	Kräfte auf einen regelmässig geformten Körper in einer Flüssigkeit	86
8.9	Kräfte auf einen beliebig geformten Körper in einer Flüssigkeit	87
8.10	Schwimmen eines Körpers in einer Flüssigkeit	89
8.11	Kohäsions- und Adhäsionskräfte im Innern und an Grenzfläche einer Flüssigkeit	90
8.12	Vergrösserung der Wasseroberfläche durch einen Bügel	91
8.13	links: benetzend; rechts: nicht-benetzend	92
9.1	Zur Ableitung des Kontinuitätsgesetzes	94
9.2	Stromfäden beim Umströmen eines Hindernisses	95
9.3	Stromlinien einer Strömung	96
9.4	Strömungsfeld, Stromlinien und Geschwindigkeitsvektorfeld	96
9.5	Die verschiedenen Druckarten in einer strömenden Flüssigkeit.	97
9.6	Ausfluss aus einem offenen Gefäss	98
9.7	Druckabfall an Engstellen	99
9.8	Funktionsweise einer Wasserstrahlpumpe	100
9.9	Platte wird durch Strom von unten nach oben gezogen	100
9.10	Viskosität	101
9.11	Laminare Strömung	102
9.12	Turbulente Strömung	103
9.13	Reibungswiderstand	105
9.14	Druckwiderstand	105
9.15	Ruhender Zylinder in Strömung	107
9.16	Rotierender Zylinder in ruhendem Medium	108
9.17	Rotierender Zylinder in Strömung	108
9.18	Zum Auftrieb an Tragflächen	108
9.19	Geschwindigkeitsänderung des Luftmassenstroms	109
9.20	Geschwindigkeitsänderung des Luftmassenstroms	109
9.21	Demonstration des Anstellwinkels α	110
9.22	Zur Entstehung von Wirbelschleppen an Flugzeugtragflächen	111
10.1	Wassertank als Schwingungstilger (Quelle: www.wikipedia.org)	114
10.2	Taipeh 101 (Quelle: www.wikipedia.org)	114
10.3	Tilgerpendel (Quelle: www.wikipedia.org)	115

10.4   Stockbridge-Schwingungstilger. (Quelle: www.wikipedia.org)   115

10.5   Freileitung mit Stockbridge-Schwingungstilger.
       (Quelle: www.wikipedia.org)   115

10.6   Aufzeichnung einer harmonischen Schwingung in vertikaler Rich-
       tung   116

10.7   Harmonische Schwingung   117

10.8   Horizontales Federpendel   120

10.9   Vertikales Federpendel mit zwei verschiedenen Koordinatensyste-
       men   121

10.10 Drehpendel um den Winkel θ aus Ruhelage ausgelenkt   122

10.11 Mathematisches Pendel   123

10.12 Physikalisches Pendel   125

11.1   Geschwindigkeitsproportionale Reibung   130

11.2   Schwache Dämpfung   132

11.3   Starke Dämpfung   132

11.4   Aperiodischer Grenzfall   133

11.5   Konstante Reibung   133

11.6   Amplitudenschwund bei konstanter Reibung   134

11.7   Verschiedene Resonanzkurven für verschiedene Dämpfungen δ 136

11.8   Phasengang   137

11.9   Kraft-Auslenkung-Geschwindigkeit   138

11.10 In schwach gedämpften Systemen muss die Frequenz sehr viel ge-
       nauer «getroffen» werden als in stark gedämpften, um Resonanz zu
       erreichen   139

12.1   Anziehung/Abstossung von Ladungen   142

12.2   Elektroskop zur qualitativen Ladungsmessung   142

12.3   Coulomb'sches Gesetz   145

12.4   Drei Punktladungen üben Kräfte aufeinander aus   145

12.5   Wirkung eines konstanten elektrischen Feldes auf verschiedene La-
       dungen. Der schwarze Pfeil zeigt Richtung und Betrag der Kraft $\vec{F}$ 147

12.6   Das elektrische Feld einer Punktladung   147

12.7   Die elektrischen Feldstärken der Felder, die durch die Punktladun-
       gen erzeugt werden, addieren sich im Punkt P   147

12.8   Feldlinien verschiedener Ladungskonfigurationen   148

12.9   Die elektrischen Feldlinien zweier positiver Ladungen   149

12.10 Die elektrischen Feldlinien eines Dipols (positive und negative La-
       dung)   150

12.11 Die elektrischen Feldlinien zwischen den Platten eines Plattenkon-
       densators   151

13.1 Potentialverlauf bei (links) negativer und (rechts) positiver Punktladung 154

13.2 Feldlinien und Äquipotentiallinien einer (links) negativen und (rechts) positiven Punktladung 155

13.3 Feldlinien (blau) und Äquipotentiallinien (grau gestrichelt) eines Dipols 156

13.4 Feldlinien (blau) und Äquipotentiallinien (grau gestrichelt) zweier positiver Einzelladungen 157

13.5 Potentialdifferenzen (Spannungen) zwischen verschiedenen Punkten im elektrischen Feld des Plattenkondensators 158

13.6 Gegenfeldmethode 159

13.7 Zur Veranschaulichung des elektrischen Flusses Ψ 161

13.8 Eine Gauss'sche Oberfläche wird von elektrischen Feldlinien durchsetzt 162

13.9 Der Satz von Gauss zur Berechnung des E-Feldes einer homogen geladenen Ebene 162

14.1 Zustandekommen der Influenzladungen auf atomarer Ebene 166

14.2 Influenz, wenn der Leiter in beliebigem Winkel zu den Feldlinien steht 166

14.3 Trennung von Mie'schen Platten im elektrischen Feld und ausserhalb 167

14.4 Influenz am Elektroskop 168

14.5 Der Innenraum eines elektrischen Leiters (links neutral, rechts geladen) in einem äusseren Feld ist feldfrei. 169

14.6 Hohlkugel aus elektrisch leitendem Material 170

14.7 Ladung vor leitender ebenen Wand erzeugt im linken Halbraum ein E-Feld wie das eines Dipols 171

14.8 Methode der Spiegelladung 172

14.9 Zur Erklärung des Influenzgesetzes 173

14.10 Leitende geladene Kugel und das resultierende E-Feld 173

14.11 Durch Unebenheit verursachte Konzentration von Ladungen und damit von Feldlinien 174

14.12 Die elektrischen Feldlinien an einer leitenden Spitze 174

14.13 Positive Korona-Entladung 175

15.1 Symbol für ideale Stromquelle 178

15.2 Symbol für ideale Spannungsquelle 178

15.3 Richtungskonventionen im Verbraucherpfeilsystem 179

15.4 Lineare U-I-Kennlinie 180

15.5 Ersatzwiderstand für drei in Reihe geschaltete Widerstände 181

15.6 Ersatzwiderstand für drei parallel geschaltete Widerstände 182

15.7   Knoten in einem Netzwerk   183
15.8   Masche in einem Netzwerk   184
15.9   Reale Spannungsquelle   185
15.10 Kennlinie einer realen Spannungsquelle   186
15.11 Kenngrössen des Wechselstroms und der Wechselspannung   188
15.12 Symbol für eine Kapazität C (Kondensator)   188
15.13 Symbol für eine Induktivität L (Spule)   189
15.14 Symbol für einen Ohm'schen Widerstand R   189
15.15 Phasenverschiebung zwischen Wechselstrom und -spannung   189

16.1   Gausssscher Satz   192
16.2   Kondensator an konstanter Spannung   193
16.3   Kondensator mit konstanter Ladung   193
16.4   Kugelkondensator   195
16.5   Arbeit und Energie im elektrischen Feld   195
16.6   Kraft auf eine Platte   197
16.7   Oberflächenladung an den Seiten des Dielektrikums   199
16.8   Kondensator bei konstanter Ladung mit Dielektrikum   200
16.9   Spannungsverlauf am Plattenkondensator   201
16.10 Parallelschaltung von Kapazitäten   201
16.11 Reihenschaltung von Kapazitäten   202

17.1   Quellenfreiheit Wirbelfeld   206
17.2   Magnetfeld Stabmagnet und Erdmagnetfeld mit geographischem
       Nordpol (gN) und magnetischem Nordpol (N)   207
17.3   Rechte-Hand-Regel   208
17.4   Lorentzkraft   209
17.5   Ablenkung einer Punktladung   210
17.6   Hall-Effekt   211
17.7   Magnetfeld einer bewegten Ladung   212
17.8   Gesetz von Biot-Savart   213
17.9   Zum Begriff Durchflutung   214
17.10 Magnetfeld eines geraden Leiters   215
17.11 Kraftwirkung zwischen zwei parallelen Leitern   216
17.12 Magnetfeld einer Torusspule   217

18.1   Zur Definition des magnetischen Flusses   220
18.2   Ein veränderlicher magnetischer Fluss durch einen Ring induziert
       in diesem einen Strom, der ebenfalls von einem (induzierten) Ma-
       gnetfeld umgeben ist, das der Flussänderung entgegengesetzt wirkt   220
18.3   Der induzierte Strom wirkt wie ein Stabmagnet, der den äusseren
       Magnet abstösst   221

18.4   Zur Veranschaulichung der Änderungsrichtung der magnetischen
       Flussdichte durch den Ring   222
18.5   Rechte-Hand-Regel für die Stromrichtung   223
18.6   Zur Veranschaulichung der Stromrichtung bei vorgegebener Ände-
       rungsrichtung der magnetischen Flussdichte   224
18.7   Änderung des magnetischen Flusses durch die Fläche einer Leiter-
       schlaufe, indem die Fläche vergrössert wird   224
18.8   Änderung des magnetischen Flusses durch die Fläche einer Leiter-
       schlaufe, indem diese im Feld gedreht wird   225
18.9   Gegeninduktion   226
18.10 Transformator   227

Tabellenverzeichnis

1.1   Die 7 Basiseinheiten des SI-Einheitensystems   6
1.2   Typische Grössenordnungen von Zeiten   8
1.3   Zehnerpotenzen   9

2.1   Haftreibungszahlen   22
2.2   Gleitreibungszahlen   23

3.1   Zusammenhang der Grössen bei Translations- und Rotationsbewegung   36
3.2   Bewegungsgleichungen für Kreisbewegungen   37

6.1   Elastischer vs. inelastischer Stoss   59
6.2   Analogien zwischen Translations- und Rotationsgrössen   65

8.1   Zusammensetzung der Luft   81

Definitionen, Theoreme und Beweise

Definitionenverzeichnis

1.1 Physikalische Grösse 4
1.2 Skalare Grösse («Skalar») 4
1.3 Vektorielle Grösse («Vektor») 4
1.4 Länge 5
1.5 Zeit 5
1.6 Masse 5

2.1 Statik 12
2.2 Massenpunkt 12
2.3 Starrer Körper 12
2.4 Drehmoment 15

3.1 Mittlere Geschwindigkeit 27
3.2 Momentane Geschwindigkeit 28
3.3 Mittlere Beschleunigung 29
3.4 Momentane Beschleunigung 29
3.5 Bogenlänge 34
3.6 Winkelgeschwindigkeit 35
3.7 Winkelbeschleunigung 35
3.8 Frequenz 36
3.9 Periodendauer 36

4.1 Trägheitsmoment einer Punktmasse 43

5.1 Leistung P 52
5.2 Energiemässig abgeschlossen 54

6.1	Impuls	57
6.2	Impulsänderung	57
6.3	Kraftstoss	58
6.4	Drehimpuls eines Massenpunktes	63
6.5	Drehimpuls eines starren Körpers	63
6.6	Drehmomentstoss	63
7.1	1. Kosmische Geschwindigkeit	72
7.2	2. Kosmische Geschwindigkeit	73
7.3	Gravitationsfeld	73
7.4	Arbeit im Gravitationsfeld	74
7.5	Potentielle Energie im Gravitationsfeld	75
7.6	Gravitationspotential	75
7.7	Äquipotentiallinien/-flächen	76
8.1	Massendichte ρ	78
8.2	Druck p	78
8.3	Kompressibilität κ	79
8.4	Kompressionsmodul K	79
8.5	Kohäsionskraft	89
8.6	Adhäsionskraft	90
8.7	Oberflächenspannung σ	91
9.1	Volumenstrom, Stromstärke $\dot{V}$	93
9.2	Stationäre Strömung	95
9.3	Viskosität	101
9.4	Reynolds-Zahl	103
9.5	Reibungswiderstand	104
9.6	Druckwiderstand	105
9.7	Auftriebskoeffizient c_A	109
10.1	Schwingung	114
10.2	Zeitlich periodisch	116
10.3	Frequenz f	116
10.4	Kreisfrequenz ω	116
10.5	Harmonische Schwingung	117
13.1	Äquipotentialflächen/-linien	155
13.2	Elektronenvolt	158
13.3	Linienladungsdichte λ	160
13.4	Flächenladungsdichte σ	160
13.5	Volumenladungsdichte ρ	160

13.6 Elektrischer Fluss Ψ 161

15.1 Technische Stromrichtung   178
15.2 Physikalische Stromrichtung   178
15.3 Verbraucherpfeilsystem   179
15.4 Spezifischer Widerstand   181
15.5 Knoten   183
15.6 Masche   184
15.7 Komplexe Impedanz   189

16.1 Kapazität   191
16.2 Relative Permittivitätszahl ε_r 197
16.3 Permittivitätszahl ε 197

17.1 Rechte-Hand-Regel   208
17.2 Durchflutung   214

18.1 Magnetischer Fluss   219
18.2 Induktivität L 225

Theoremverzeichnis

2.1 Gleichgewicht eines Massenpunktes   13
2.2 Addition zweier Kräfte   13
2.3 Gleichgewicht eines starren Körpers   15
2.4 Gewichtskraft $\vec{G}$ 16
2.5 Hooke'sches Gesetz   17
2.6 Kontaktkraft $\vec{A}$ 18
2.7 Vollentwickelte Haftreibung $F_{r,voll}$ 20
2.8 (trockene) Gleitreibung F_r 21

3.1 s-t-Diagramm 1   27
3.2 s-t-Diagramm 2   27
3.3 Weg im v-t-Diagramm   28
3.4 Bewegungsgleichungen   29
3.5 Zentripetalbeschleunigung   37
3.6 Zentripetalkraft   38
3.7 Betrag der Zentripetalbeschleunigung   38
3.8 Betrag der Zentripetalkraft   39

4.1 Newton'sches Axiom I 41
4.2 Newton'sches Axiom II 42
4.3 Newton'sches Axiom III 42
4.4 Aktionsprinzip der Translationsbewegung 42
4.5 Schwere Masse = Träge Masse 43
4.6 Aktionsprinzip der Rotationsbewegung 44
4.7 Kombinationssatz 44
4.8 Satz von Steiner 44
4.9 Newton'sches Gravitationsgesetz 45

5.1 Arbeit bei konstanter Kraft 47
5.2 Arbeit bei nicht-konstanter Kraft 48
5.3 Hubarbeit 49
5.4 Federspannarbeit 50
5.5 Beschleunigungsarbeit 51
5.6 Potentielle Energie 53
5.7 Federspannenergie 54
5.8 Kinetische Energie 54
5.9 Energieerhaltungssatz 54

6.1 Impulserhaltung 58
6.2 Allgemeines Newton'sches Aktionsprinzip 61
6.3 Allgemeines Aktionsprinzip der Rotation 64
6.4 Rotationsenergie 64
6.5 Drehimpulserhaltung 65

7.1 1. Kepler'sches Gesetz 67
7.2 2. Kepler'sches Gesetz 68
7.3 3. Kepler'sches Gesetz 69

8.1 Gesetz von Pascal 78
8.2 Gesetz von Boyle-Mariotte 80
8.3 Barometrische Höhenformel 80
8.4 Gesetz von Dalton 81
8.5 Schweredruck 84
8.6 Hydrostatisches Paradoxon 84
8.7 Kommunizierende Röhren 85
8.8 Auftriebskraft 87
8.9 Archimedisches Prinzip 88
8.10 Kapillare Erhöhung 92
8.11 Kapillare Depression 92

9.1	Kontinuitätsgesetz	94
9.2	Bernoulli-Gleichung	96
9.3	Bernoulli-Gleichung	97
9.4	Newton'sches Reibungsgesetz	101
9.5	Reynold'sches Ähnlichkeitsgesetz	103
9.6	Reibungswiderstand	104
9.7	Stokes'sche Reibkraft	104
9.8	Druckwiderstand	106
9.9	Dynamische Auftriebskraft	109
12.1	Ladungserhaltungssatz	143
12.2	Elektrischer Gleichstrom	143
12.3	Coulomb'sches Gesetz	144
12.4	Elektrisches Feld	146
13.1	Elektrisches Potential einer Punktladung	153
13.2	Potentielle Energie einer Punktladung	154
13.3	Elektrisches Potential einer diskreten Ladungsverteilung	155
13.4	Elektrische Spannung	157
13.5	Zusammenhang Arbeit und Spannung	158
13.6	Gauss'scher Satz der Elektrostatik	161
14.1	Influenzgesetz	170
15.1	Ohm'scher Widerstand	180
15.2	Reihenschaltung	181
15.3	Parallelschaltung	182
15.4	Knotensatz	183
15.5	Maschensatz	184
15.6	Elektrische Energie	186
15.7	Elektrische Leistung	186
16.1	Kapazität Plattenkondensator	192
16.2	Kapazität Kugelkondensator	194
16.3	Energie des elektrischen Feldes	196
16.4	Energiedichte des elektrischen Feldes	196
16.5	Kapazität mit Dielektrikum	199
16.6	Parallelschaltung von Kapazitäten	201
16.7	Reihenschaltung von Kapazitäten	202
17.1	Lorentz-Kraft	208
17.2	Kreisbahn eines Elektrons in einem Magnetfeld	210

17.3 Hall-Spannung U_H 211

17.4 Magnetfeld einer bewegten Punktladung   211

17.5 Gesetz von Biot-Savart   212

17.6 Ampère'sches Durchflutungsgesetz   215

18.1 Induktionsgesetz   220

18.2 Lenz'sche Regel   220

18.3 Selbstinduktion   224

18.4 Energieinhalt des Magnetfelds   227

Vorwort

C'étaient des cieux ouverts pour nous
ou, du moins, pour moi. Je voyais enfin
le pourquoi des choses, ce n' était plus
une recette d'apothicaire tombée du ciel.

Stendhal (1783 - 1842)

Dieses Skript ist entstanden als der Studiengang «Wirtschaftsingenieurwesen» im Herbstsemester 2014 an der Fachhochschule Ostschweiz FHO zum ersten Mal durchgeführt wurde. Ich gab damals an der Fachhochschule St. Gallen FHS (Teil der FHO) die Physikvorlesung. Es waren also *offene Himmel für uns oder zumindest für mich* wie Stendhal in obigem Zitat sagt.

Schnell musste ich feststellen, dass ich auf die Frage der Studenten nach einem geeigneten Begleit-Lehrbuch keine rechte Antwort zu geben wusste: das Angebot ist gross, fast unübersehbar gross, doch behandeln die Physik-Lehrbücher in der Mehrzahl die gesamte Klassische Physik, wenn nicht sogar noch die Spezielle Relativitätstheorie und die Anfänge der Quantentheorie. Viel zu viel also für einen zweisemestrigen Einführungskurs Physik für Wirtschaftsingenieure!

Soll man einem Studienanfänger da zumuten, die richtige Auswahl allein zu treffen? Zumal diese Lehrbücher in den meisten Fällen für Studenten der Physik geschrieben sind und eine vorhandene oder im Lauf des Studiums erworbene Unbefangenheit im Umgang mit formalen Herleitungen oder Beweisen voraussetzen.

Ich habe also versucht, in einem eigenen Skript die abstrakten Definitionen wo immer möglich zu motivieren, viel erläuternden Text hinzuzufügen und mit dem Leser durch Fragen, die ich immer wieder an ihn stelle, in Kommunikation und Interaktion zu treten, und so die Lektüre etwas aufzulockern.

Allerdings liess sich nicht immer vermeiden (das Curriculum war ja vorgegeben), Begriffe vor ihrer eigentlichen Definition zu bringen. So wird z.B. auf die Newton'schen Axiome noch vor ihrer Einführung verwiesen.

Das eingestanden, ging ich damals daran, ein auf das spezielle Curriculum *massgeschneidertes* Skript zu schreiben, das Ihnen hier vorliegt.

Nach meiner Erfahrung haben Physiker im Vergleich zu Ingenieuren aus anderen Disziplinen eine etwas eigene Herangehensweise und Fragestellung gegenüber technischen Problemstellungen. Nun wird es sich nicht vermeiden lassen (zum Glück?), dass Wirtschaftsingenieure in ihren späteren Unternehmen auch Diskussionen mit Physikern zu führen haben. Daher habe ich mit diesem Skript versucht, die der Physik eigene Herangehensweise an Problemstellungen so gut es ging zu vermitteln.

Meine Hoffnung war, so das *Warum der Dinge* klar zu machen und dass die physikalischen Gesetze nicht *als Rezept eines Apothekers* wie Stendhal sagt *vom Himmel fallen*.

Dieses Buch möchte Sie einladen zu einer Reise in das Land der Physik. Dabei werden wir einige besonders wichtige Orte besuchen und an einigen besonders schönen Orten Halt machen. Es soll uns als eine Art Reiseführer dienen. Und wie bei diesen üblich enthält es auch die Grundzüge der Landessprache (die physikalischen Formeln und Gesetze). Damit werden Sie sich schneller verständigen können, wenn Sie später einmal vielleicht andere Gegenden des Landes (andere Teilgebiete der Physik) bereisen werden. Am Schluss der Reise (Schlusswort) soll der bedeutende Philosoph der Aufklärung Immanuel Kant einen kurzen Reisebericht aus seiner *Kritik der reinen Vernunft* beitragen.

Nun sei noch all denen gedankt, die zum Gelingen des Projekts wesentlich beigetragen haben:

Tobias Neufeld, B.A., der sich gewinnen liess, viele Freizeitstunden zu opfern, um die Grafiken und Zeichnungen zu erstellen, möchte ich besonders herzlich danken! Ohne seine Hilfe wäre das Projekt nicht zustande gekommen.

Dank bin ich auch *Tobias Weh* für das Layout in LATEX/ und dem *IDEE-Team* der FHS St. Gallen für die gestalterische Arbeit, sowie der FHS St. Gallen und dem Studiengangsleiter *Lukas Schmid* für ihre finanzielle Unterstützung schuldig.

St. Gallen im Juni 2016
Stefan Rinner

Vorwort zur zweiten Auflage

Seit der ersten Veröffentlichung dieser Schrift sind nun schon etliche Jahre ins Land gegangen. Und doch, im Laufe dieser Zeit, wurde offenbar, dass sich vieles, was in die erste Version Eingang gefunden hatte, als verbesserungswürdig erwiesen hat. Neben manchen kosmetischen Operationen waren auch einige inhaltliche Korrekturen vonnöten. Hier ist der Versuch, das zu leisten.

Einen entscheidenden Anteil daran hat mein geschätzter Kollege *Karl J. Höfler*. Er hat mit seiner äusserst präzisen Durchsicht und mit vielen wertvollen Änderungsvorschlägen wesentlich zur Verbesserung beigetragen. Hiermit möchte ich mich dafür bei ihm herzlich bedanken!

Ebenfalls bin ich auch *Marei Peischl* für ihre Hilfe mit dem LaTeX-Satz grossen Dank schuldig.

St. Gallen im Dezember 2024
Stefan Rinner

Kapitel 1
Was ist Physik?

> Nicht von Anfang an haben die Götter
> alles den Sterblichen offenbart,
> sondern nach und nach finden sie
> suchend das Bessre.
> *Xenophanes (6. Jhdt. v. Chr.)*

1.1 Eine kurze Geschichte der Physik

Die Physik ist eine exakte Naturwissenschaft. Sie beschäftigt sich im Wesentlichen mit der unbelebten Natur und versucht, Vorgänge und Phänomene, wie sie in der Natur zu beobachten sind, zu ordnen und zu systematisieren. Aus dieser Systematisierung heraus versuchen Physiker, relevante Grössen und Begriffe[1] zu bilden. Die Begriffe werden durch physikalische Gesetze (meist in Form von mathematischen Gleichungen) miteinander in Beziehung gesetzt.

Nach ihrer Arbeitsweise lässt sich die Physik in zwei grosse Disziplinen gliedern:

Die **Theoretische Physik** ist bemüht, die Naturvorgänge in physikalischen Gleichungen mathematisch zu formulieren. Die verschiedenen physikalischen Gesetze versuchen theoretische Physiker dann in einen grösseren Zusammenhang zu stellen. Dieser grössere Zusammenhang stellt eine physikalische Theorie dar, wie z. B. die Theorie der Klassischen Mechanik oder des Elektromagnetismus.

Die **Experimentalphysik** erfüllt zweierlei Aufgaben. Zum einen ermittelt sie in Experimenten Zusammenhänge zwischen physikalischen Grössen. Zum anderen können Experimentalphysiker die physikalischen Theorien anhand von Experimenten überprüfen. Eine Theorie kann allerdings nur widerlegt werden, niemals durch Experimente «bewiesen» werden. Andererseits waren unerwartete

---

1 «Grundlegende Fortschritte der Physik sind oft durch die Verbesserung oder die Neuschaffung von Begriffen erzielt worden.», Werner Heisenberg

© Der/die Herausgeber bzw. der/die Autor(en), exklusiv lizenziert an Springer Fachmedien Wiesbaden GmbH, ein Teil von Springer Nature 2025
S. Rinner, *Physik für Wirtschaftsingenieure*, Schriften zum Wirtschaftsingenieurwesen,
https://doi.org/10.1007/978-3-658-47960-2_1

experimentelle Befunde auch oft genug Anlass für die Entdeckung neuer Phänomene und haben ihrerseits später zur Entwicklung eines neuen Modells oder einer neuen Theorie geführt.

Der Name leitet sich vom altgriechischen Wort für «Natur» (physis) her, genauer von «physike techne» – die Fertigkeit, die die Natur betrifft.

Sie begann als die ersten antiken griechischen Naturphilosophen im 6. Jhdt. v. Chr. anfingen, die Vorgänge und Veränderungen um sich herum nicht mehr durch Mythen zu erklären. Stattdessen wollten sie eine rationale Erklärung finden. Erstaunlich ist dabei, welchen Abstraktionsgrad die antiken Griechen an den Tag legten. Im 5. Jhdt. v. Chr. erklärten die Naturphilosophen *Leukipp* und *Demokrit*, die Welt bestehe aus lauter unteilbaren (griech.: a-tomos) kleinsten Teilchen. Dies war 2500 Jahre bevor dieser Gedanke in Physik und Chemie wiedererstand. *Aristoteles*, der sehr viel später als die sogenannten Vorsokratiker (*So genannt, weil sie vor Sokrates lebten.*) *Leukipp* und *Demokrit* lebte, beherrschte mit seiner Bewegungslehre etwa 2000 Jahre lang das westliche Weltbild. Laut ihm ist der natürliche Bewegungszustand eines Körpers der Zustand der Ruhe. Diese Vorstellung ist so bestechend einleuchtend, weil sie unserer Alltagserfahrung entspricht: Körper, die einmal in Bewegung versetzt werden, kehren irgendwann wieder in den Ruhezustand zurück. Erst mit *Galileo Galilei* und später mit *Isaac Newton* und ihrem Trägheitsbegriff wurde dieses Weltbild abgelöst und es begann die moderne Naturwissenschaft mit ihren Methoden wie wir sie heute kennen: *Galileo Galilei* z. B. verwendete eine schiefe Ebene, um damit den freien Fall auf einer langsamen Zeitskala experimentell studieren zu können. *Isaac Newton* nutzte diese Ergebnisse und entwickelte in seinem Werk *Philosophiae Naturalis Principia Mathematica*[2] die Bewegungsgesetze und (auf die experimentellen Daten von *Johannes Kepler* gestützt) das Gravitationsgesetz. *Aristoteles* berichtete auch über die oben genannten Vorsokratiker und hebt dabei die Suche nach einem «letzten Urgrund» (arché) aller Dinge hervor. So ist es auch heute noch Ziel der Physik, möglichst viele verschiedene Erscheinungen durch ein und dieselbe Theorie beschreiben zu können. Lange hatte man z.B. nicht den Zusammenhang zwischen elektrischen und magnetischen Phänomenen gesehen, bis *Hans Christian Ørsted* im Jahr 1820 während einer Vorlesung durch Zufall die magnetische Wirkung des elektrischen Stromes entdeckte. Das führte zur Vereinheitlichung von elektrischer und magnetischer Wechselwirkung zum Elektromagnetismus.

Zum jetzigen Zeitpunkt hat man alle Wechselwirkungen auf vier Grundkräfte zurückgeführt:

Starke Wechselwirkung Kernkraft
Schwache Wechselwirkung radioaktiver Zerfall
Elektromagnetismus Elektrodynamik, elektromagnetische Felder

---

2 Die mathematischen Grundlagen der Naturphilosophie

Gravitation Schwerkraft massebehafteter Körper

Eine neuere Theorie beschreibt die Vereinigung von elektromagnetischer, schwacher und starker Wechselwirkung. Sie wird als «GUT» – Grand Unified Theory bezeichnet.

Letztendlich ist das Ziel die Vereinigung aller vier Grundkräfte zur «Weltformel» oder «TOE» – Theory of Everything. Wenn das gelingt, ist der Traum der Vorsokratiker in Erfüllung gegangen: die «arché» ist gefunden.

1.2 Teilgebiete der Physik

Statt die Physik nach ihrer Arbeits- und Vorgehensweise in Experimentelle und Theoretische Physik zu unterteilen, kann man sie auch hinsichtlich der Objekte, mit denen sie sich beschäftigt, in Teilgebiete unterteilen. Eine mögliche Unterteilung ist in Abb. 1.1 zu sehen. Grob gesagt unterscheidet man zwischen den Disziplinen, die historisch gesehen schon länger existieren und fasst sie zur sogenannten «Klassischen Physik» zusammen. Die Gebiete der Physik, die im Wesentlichen Anfang des 20. Jahrhunderts entstanden sind (also die Relativitätstheorien und die Quantentheorie) bilden das Teilgebiet der «Modernen Physik».

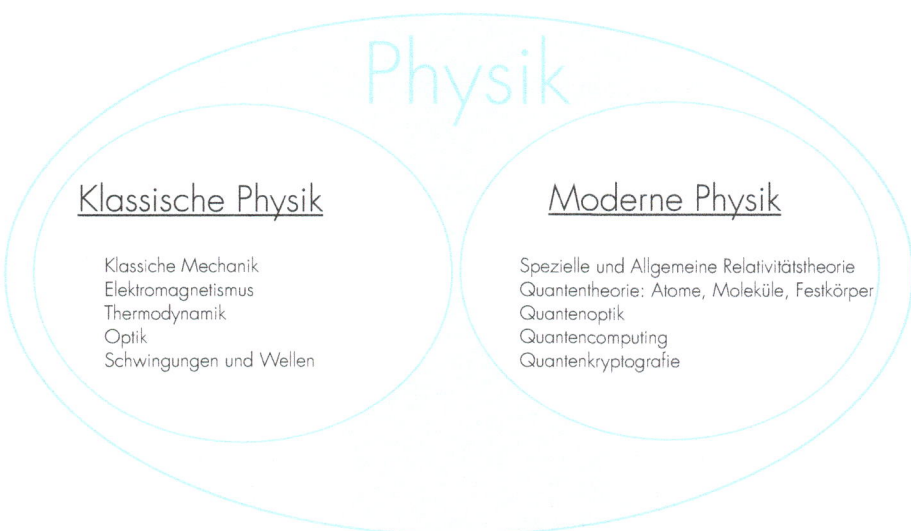

Abbildung 1.1 Verschiedene Teilgebiete der Physik

1.3 Physikalische Grössen und Einheiten

1.3.1 Physikalische Grössen

Die Physik bedient sich bestimmter Grössen, um quantitative Aussagen machen zu können. Unter einer physikalischen Grösse versteht man in diesem Zusammenhang folgendes:

> **Definition 1.1** Physikalische Grösse
> *Für jede physikalische Grösse gilt:*
>
> $$\text{Physikalische Grösse} = \text{Masszahl} * \text{Einheit}$$
> $$G = \{G\} * [G]$$
> $$20\,\text{kg} = 20 * \text{kg}$$

Dabei stehen die geschweiften Klammern symbolisch für «Masszahl», die eckigen Klammern symbolisch für «Einheit».

Man unterscheidet grundsätzlich zwei Arten physikalischer Grössen:

> **Definition 1.2** Skalare Grösse («Skalar»)
> *Für jede skalare Grösse gilt: Eine skalare physikalische Grösse besteht nur aus **Masszahl** und **Einheit**.*

Beispiele für skalare Grössen sind Zeit, Masse, Volumen, Temperatur, Druck, etc.

> **Definition 1.3** Vektorielle Grösse («Vektor»)
> *Für jede vektorielle Grösse gilt: Eine vektorielle physikalische Grösse besteht aus **Masszahl** und **Einheit**, sowie einer **Richtung**. Dabei entspricht der **Betrag** der Länge des Vektors.*

Beispiele für vektorielle Grössen sind Kraft, Geschwindigkeit, Beschleunigung, etc.

1.3.2 Basis-Einheiten der Physik

Messen heisst, eine unbekannte Grösse mit einer Einheitsgrösse zu vergleichen. So kann man z. B. die Länge einer Strecke (unbekannte Grösse) messen, indem man einen Meterstab (Einheitsgrösse) mehrmals hintereinander legt. Die Länge in Meter ist dann: wie viel Mal konnte man den Meterstab aneinanderlegen (Vielfaches der Einheitsgrösse).

Raum, Zeit und Masse sind unabhängige Elemente der Mechanik. Die Fundamentaleinheiten der Mechanik sind demzufolge die Einheit des Raumes, das heisst die Längeneinheit, die Einheit der Zeit und die Einheit der Masse. Diese Einheiten sind wie folgt definiert:

Definition 1.4   Länge
Die Einheit der Länge ist der Meter (m). 1 Meter ist die Strecke, welche Licht im Vakuum im 299 792 458-ten Teil einer Sekunde (1 s) zurücklegt.

Definition 1.5   Zeit
Die Einheit der Zeit ist die Sekunde (s)[3]. 1 Sekunde ist das 9 192 631 770-fache der Periodendauer der Mikrowellenstrahlung, die beim Übergang zwischen den beiden Hyperfeinstrukturniveaus des Grundzustandes von Atomen des Nuklids ^{133}Cs ausgesandt wird (Cäsiumatomuhr).

Definition 1.6   Masse
Die Einheit der Masse ist das Kilogramm (kg). 1 Kilogramm ist die Masse des internationalen Kilogrammprototyps. Dieses sogenannte Urkilogramm ist ein Platin-Iridium-Zylinder, der im Bureau International des Poids et Mesures in Sèvres bei Paris aufbewahrt wird.

Man beachte, dass die Definitionen der SI-Basiseinheiten nicht ganz unabhängig voneinander sind: so ist die Einheit der Länge über eine Zeitmessung definiert.

Die Definitionen von Meter und Sekunde basieren aber auf Naturkonstanten, nämlich der Lichtgeschwindigkeit und der Frequenz eines atomaren Übergangs. Das hat den Vorteil, dass sie orts- und zeitunabhängig sind, also jederzeit in jedem Labor der Welt reproduzierbar sind.

Einzig beim Kilogramm ist das (noch) nicht der Fall: hier müssen Kopien des Urkilogramms in den Labors stehen, in denen Masse bestimmt werden soll.

Zudem hat sich in den letzten Jahren gezeigt, dass das Urkilogramm immer «leichter» wird, d. h. das Urkilogramm verliert ständig an Masse und eignet sich aus diesem Grund schon nicht mehr als Definitionsgrösse der Masse. Es sind daher verschiedene Projekte im Gange, die eine Neudefinition der Masse basierend auf Naturkonstanten versuchen (Stromwaage, Silizium-Projekt etc.).

---

3 Der Name leitet sich aus dem Lateinischen ab: pars minuta secunda - der zum zweiten Mal verminderte Teil (einer Stunde).

Die weiteren (nicht-mechanischen) Basiseinheiten sind:

Ampère Einheit der Stromstärke (A)
Kelvin Einheit der Temperatur (K)
Candela Einheit der Lichtstärke (cd)
Mol Einheit der Stoffmenge (mol)

Die folgende Tabelle 1.1 fasst alle 7 SI-Einheiten noch einmal zusammen.

Das SI-Einheitensystem ist zwar das am häufigsten verwendete, aber keineswegs das einzige Einheitensystem. Man denke z. B. an das in den angelsächsischen Ländern immer noch gebräuchliche System mit foot, yard, pound usw. (s. Abb. 1.2). Im Gegensatz zum SI-Einheitensystem ist nicht der Meter die Grundlage der Längendefinition (wie in einem metrischen System) und ist somit kein metrisches Einheitensystem. Dabei hatte der US-Präsident Gerald Ford am 23. Dezember 1975 den vom Kongress gebilligten «Metric Conversion Act» unterzeichnet, in dessen Folge auf vielen Verkehrsschildern die Entfernungen sowohl in Meilen als in Kilometer angegeben wurden. Davon sieht man heute nur noch selten Exemplare.

1.3.3 Grössenordnungen

Die Einheiten des SI-Systems können auch als Vielfache von Zehnerpotenzen der Grundeinheit vorkommen. Die wichtigsten und häufigsten sind in Tab. 1.3 zusammengefasst.

Desweiteren zeigt Tab. 1.2 einige in der Natur vorkommende Vorgänge, die auf ganz unterschiedlichen Zeitskalen ablaufen.

Tabelle 1.1 Die 7 Basiseinheiten des SI-Einheitensystems

Basisgrösse	Grössenzeichen	Basiseinheit	Einheitenzeichen
Länge	ℓ, s, x	Meter	1 m
Masse	m	Kilogramm	1 kg
Zeit	t	Sekunde	1 s
Elektr. Stromstärke	I	Ampère	1 A
Temperatur	T	Kelvin	1 K
Lichtstärke	I	Candela	1 cd
Stoffmenge	n	Mol	1 mol

Abbildung 1.2   Liberia, Myanmar und die USA verwenden kein metrisches Einheitensystem

1.3.4 Physikalische Messung

Wie oben beschrieben beruht das Messen (die Messung) auf einem Vergleich einer **Einheitsgrösse** mit der **Messgrösse**. Bei diesem Vergleich stellt man fest, wie oft die Einheitsgrösse in der Messgrösse enthalten ist. Dieses Vielfache nennt man die **Masszahl**.

So kann man die Länge eines Striches in Abb. 1.3 mit Hilfe des dargestellten Lineals messen, indem man feststellt, welches Vielfache der Einheit Zentimeter der Länge des Strichs entspricht.

Abbildung 1.3   Länge messen

Tabelle 1.2 Typische Grössenordnungen von Zeiten

10^{-23} s			Lebensdauer der instabilsten Teilchen
10^{-18} s			Lebensdauer hochangeregter Kerne
10^{-14} s			Periodendauer sichtbarer Lichtwellen
10^{-8} s			Lebensdauer angeregter Atome
10^{-3} s			Dauer chemischer Explosionen
$3 \cdot 10^2$ s	=	5 min	rasche Zellteilung
$3 \cdot 10^7$ s	=	1 a	Dauer des Umlaufs der Erde um die Sonne
$3 \cdot 10^{12}$ s	=	10^5 a	Alter des homo sapiens
$3 \cdot 10^{17}$ s	=	10^{10} a	Alter des Universums

Jede Messung ist allerdings fehlerbehaftet. Man unterteilt die Messfehler in zwei Kategorien:

Systematische Fehler
- Fehler liegt bei Messgerät oder -anordnung
- Unrichtige Kalibrierung (Einstellung) eines Messgeräts
- Verwendung eines richtig kalibrierten Messgeräts unter falschen Bedingungen (Längenmesser bei falscher Temperatur, Wellenlängenmesser im falschen Spektralbereich (z. B. IR statt UV))
- Begründet im Messgerät oder Messvorgang
- Liegen immer in der gleichen Richtung (entweder immer zu klein oder immer zu gross)
- Gegenmassnahmen: Ändern der Versuchsanordnung und der Messgeräte

Zufällige Fehler
- Fehler liegt beim Experimentator
- Ablesefehler
- Selbst bei Messungen ohne systematische Fehler unvermeidlich
- Gegenmassnahmen: mehrfache Wiederholung der Messung und Mittelwertbildung

Tabelle 1.3 Zehnerpotenzen

			Vorsatz	Zeichen	Beispiel		
1 000 000 000 000 000 000	=	10^{18}	Trillionenfach	Exa	E		
1 000 000 000 000 000	=	10^{15}	Billiardenfach	Peta	P		
1 000 000 000 000	=	10^{12}	Billionenfach	Tera	T	TB =	Terabyte
1 000 000 000	=	10^{9}	Milliardenfach	Giga	G	GHz =	Gigahertz
1 000 000	=	10^{6}	Millionenfach	Mega	M	$M\Omega$ =	Megaohm
1000	=	10^{3}	Tausendfach	Kilo	k	kg =	Kilogramm
100	=	10^{2}	Hundertfach	Hekto	h	hL =	Hektoliter
10	=	10^{1}	Zehnfach	Deka	da	dag =	Dekagramm
0,1	=	10^{-1}	Zehntel	Dezi	d	dm =	Dezimeter
0,01	=	10^{-2}	Hundertstel	Zenti	c	cm =	Zentimeter
0,001	=	10^{-3}	Tausendstel	Milli	m	mm =	Millimeter
0,000 001	=	10^{-6}	Millionstel	Mikro	μ	μm =	Mikrometer
0,000 000 001	=	10^{-9}	Milliardstel	Nano	n	nF =	Nanofarad
0,000 000 000 001	=	10^{-12}	Billionstel	Pico	p	pF =	Pikofarad
0,000 000 000 000 001	=	10^{-15}	Billiardstel	Femto	f	fs =	Femtosekunde
0,000 000 000 000 000 001	=	10^{-18}	Trillionstel	Atto	a	as =	Attosekunde

Kapitel 2
Kräfte und Gravitation

Who has seen the wind?
Neither you nor I:
But when the trees bow down their heads,
The wind is passing by.
Christina Rossetti (1830-1894)

2.1 Der Begriff Kraft

Was ist eine Kraft? Nun, zu allererst ein physikalischer Begriff. Wie im ersten Kapitel dargelegt, schafft sich die Physik Begriffe, die geeignet sind, physikalische Vorgänge zu beschreiben und zu erklären. Was diese Begriffe darüberhinaus «sind», ist nicht Gegenstand der Physik. Niemand hat jemals eine Kraft «gesehen». Aber wir alle kennen die Auswirkungen, die wir dem Wirken von Kräften zuschreiben.

In allen Situationen, die sich auf der Erde abspielen – und das wird in den meisten Fällen, die wir untersuchen wollen, der Fall sein – ist *eine* Kraft stets wirksam: die **Gravitationskraft**. Sie äussert sich darin, dass massebehafteten Körpern eine Gewichtskraft zugeschrieben werden kann.

Bemerkung

*Leider wird in der Alltagssprache nicht sauber zwischen **Masse** und **Gewicht** unterschieden. Ja, sie werden sogar systematisch falsch verwendet. Gewöhnen Sie sich von nun an die richtige Verwendung an! Das Gewicht ist eine Kraft mit der Einheit Newton, die Masse wird in Kilogramm angegeben.*

Freilich ergibt sich aus der immer gegenwärtigen Gravitationskraft unmittelbar eine Folgerung für Statikprobleme: sollen Gebäude fest stehen, Brücken nicht einstürzen oder Kronleuchter nicht von der Decke fallen, so müssen andere Kräfte die Gravitationskraft kompensieren.

© Der/die Herausgeber bzw. der/die Autor(en), exklusiv lizenziert an Springer Fachmedien Wiesbaden GmbH, ein Teil von Springer Nature 2025
S. Rinner, *Physik für Wirtschaftsingenieure*, Schriften zum Wirtschaftsingenieurwesen,
https://doi.org/10.1007/978-3-658-47960-2_2

Das kann nur dann geschehen, wenn man Kräften ausser einem Betrag auch eine Richtung zuweisen kann. Das führt mich auf eine etwas deutlichere Antwort auf die Frage «Was ist eine Kraft?»: im physikalischen Sinne ist eine Kraft ein Vektor mit einem bestimmten Angriffspunkt.

Ich gebe im Folgenden einige Definitionen.

2.2 Statik

Definition 2.1 Statik
In der Statik werden die Addition und die Zerlegung von Kräften untersucht und die Bedingungen für das Gleichgewicht von Massenpunkten und Körpern formuliert.

Ein wichtiges Konzept ist in diesem Zusammenhang der Begriff des Massenpunktes: eine Idealisierung (wie wir sie noch häufig antreffen werden)[1]. Man ersetzt einen räumlich ausgedehnten Körper durch einen einzigen Punkt. Später werden wir noch einmal mit dem Begriff Schwerpunkt auf dieses Konzept stossen.

Definition 2.2 Massenpunkt
Ein Massenpunkt ist ein Körper, dessen ganze Masse man sich in einem Punkt konzentriert denkt.

Definition 2.3 Starrer Körper
Ein starrer Körper ist ein Körper, der durch die auf ihn einwirkenden Kräfte nicht deformiert wird.

2.3 Wirkungen von Kräften

Das Wirken einer Kraft kann sich unterschiedlich äussern:

1. Eine Kraft kann den Bewegungszustand eines Körpers ändern.
2. Eine Kraft kann einen Körper deformieren.
3. Die Einheit der Kraft ist das Newton (N):

$$1N = 1kg \cdot \frac{m}{s^2}$$

---

1 Anmerkung: Ob ein Körper als Massenpunkt behandelt werden kann, hängt sowohl vom Körper als auch von der Fragestellung ab.

2.4 Gleichgewicht eines Massenpunktes

In der Statik ist das Gleichgewicht der gewünschte Zustand. Dies gilt sowohl für Massenpunkte als auch für starre Körper.

Theorem 2.1 Gleichgewicht eines Massenpunktes
Ein Massenpunkt ist dann im Gleichgewicht, wenn er keine Beschleunigung erfährt.
Ein Massenpunkt ist dann im Gleichgewicht, wenn die Summe aller auf ihn wirkenden Kräfte («Netto-Kraft») gleich Null ist.

$$\sum_i \vec{F_i} = \vec{0} \tag{2.1}$$

Nun müssen wir wohl noch sagen, auf welche Weise die Summe von Kräften zu berechnen ist.

Theorem 2.2 Addition zweier Kräfte
Zwei Kräfte $\vec{F}_1$ und $\vec{F}_2$ werden (grafisch) addiert, indem man zu jedem Vektorpfeil einen parallel verschobenen Pfeil an die Spitze des anderen Vektorpfeils zeichnet.
Bem.: es genügt auch, nur einen Vekotr zu verschieben (Kräftedreieck).

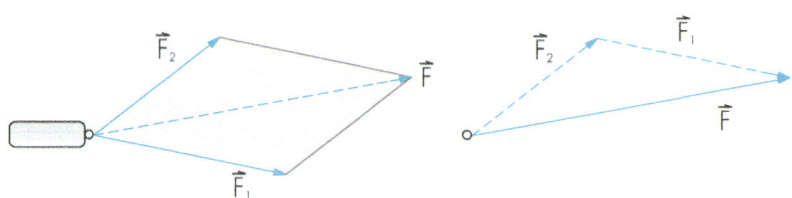

Abbildung 2.1 Kräfteparallelogramm (links) und Kräftedreieck (rechts)

   Das ist die grafische Addition der einzelnen Vektorpfeile. Rechnerisch geschieht dies – Sie erinnern sich an die Mathematik – komponentenweise, d.h. man addiert die x-Komponenten, die y-Komponenten und z-Komponenten unabhängig voneinander.

Beispiel 2.1

Seien

$$\vec{F}_1 = \begin{bmatrix} F_{1,x} \\ F_{1,y} \\ F_{1,z} \end{bmatrix} \quad und \quad \vec{F}_2 = \begin{bmatrix} F_{2,x} \\ F_{2,y} \\ F_{2,z} \end{bmatrix}$$

zwei Kräfte. Dann ist ihre Summe gegeben durch:

$$\vec{F} = \vec{F}_1 + \vec{F}_2 = \begin{bmatrix} F_{1,x} \\ F_{1,y} \\ F_{1,z} \end{bmatrix} + \begin{bmatrix} F_{2,x} \\ F_{2,y} \\ F_{2,z} \end{bmatrix} = \begin{bmatrix} F_{1,x} + F_{2,x} \\ F_{1,y} + F_{2,y} \\ F_{1,z} + F_{2,z} \end{bmatrix} \tag{2.2}$$

Bemerkung

*Die Kräftevektoren werden stets **addiert**. Ihre Richtung kommt in den Vorzeichen ihrer Komponenten zum Ausdruck.*

Dazu ein Beispiel:

Beispiel 2.2

Seien $\vec{F}_1 = \begin{bmatrix} 1 \\ -2 \\ 5 \end{bmatrix}$ *und* $\vec{F}_2 = \begin{bmatrix} 3 \\ 5 \\ -6 \end{bmatrix}$ *zwei Kräfte. Dann ist ihre Summe gegeben durch:*

$$\vec{F} = \vec{F}_1 + \vec{F}_2 = \begin{bmatrix} 1 \\ -2 \\ 5 \end{bmatrix} + \begin{bmatrix} 3 \\ 5 \\ -6 \end{bmatrix} = \begin{bmatrix} 1+3 \\ -2+5 \\ 5+(-6) \end{bmatrix} = \begin{bmatrix} 4 \\ 3 \\ -1 \end{bmatrix} \tag{2.3}$$

Bemerkung

Welches Vorzeichen den Kraftkomponenten zuzuweisen ist, hängt (natürlich) von der Orientierung des gewählten Koordinatensystems ab.

2.5 Gleichgewicht starrer Körper

Dass die Summe aller einwirkenden Kräfte Null ergibt, reicht beim starren Körper nicht, damit er im Gleichgewicht bleibt. Die Wirkungslinien der Kräfte müssen sich auch noch wie in Abb. 2.2 zu sehen in einem Punkt schneiden.

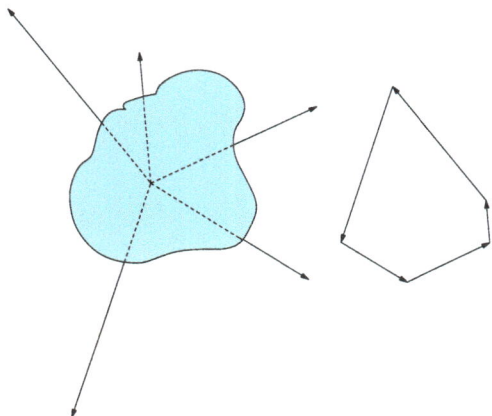

Abbildung 2.2 Ein starrer Körper ist nur dann in Ruhe, wenn sich die Vektoren zu einem geschlossenen Zug addieren und sich die Wirkungslinien in einem Punkt schneiden

Greift eine Kraft $\vec{F}$ an einem Punkt A eines starren Körpers an, ist $\vec{r}$ der Vektor vom Drehpunkt D zum Punkt A und $r_\perp$ dessen zur Kraft senkrechte Komponente, dann gilt folgende Definition:

Definition 2.4 Drehmoment
Das Drehmoment ist definiert durch

$$\vec{M} = \vec{r} \times \vec{F} \qquad |\vec{M}| = |\vec{r} \times \vec{F}| = r_\perp F = r \cdot F \cdot \sin\alpha \tag{2.4}$$

Theorem 2.3 Gleichgewicht eines starren Körpers
Ein starrer Körper ist genau dann im Gleichgewicht, wenn er keine Netto-Kraft und kein Netto-Drehmoment erfährt.

$$\sum_i \vec{F}_i = \vec{0} \tag{2.5}$$

$$\sum_i \vec{M}_i = \vec{0} \tag{2.6}$$

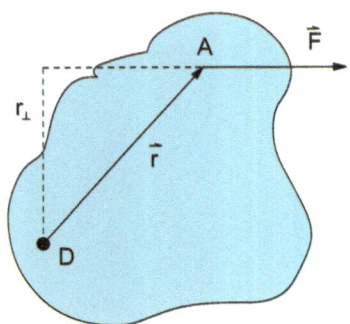

Abbildung 2.3   Zur Definition des Drehmoments

2.6 Beispiele für Kräfte

2.6.1 Gewichtskraft

Theorem 2.4   Gewichtskraft $\vec{G}$
Die Gewichtskraft $\vec{G}$ ist die Kraft, mit der die Erde die Masse m anzieht (beschleunigt).

$$\vec{G} = m \cdot \vec{g} \tag{2.7}$$

Die Gewichtskraft ist die Ursache dafür, dass Körper im freien Fall immer schneller werden. Sie werden mit der Erdbeschleunigung $\vec{g}$ beschleunigt. Die Erdbeschleunigung ist für alle Körper gleich gross, d. h. alle Körper fallen gleich schnell, wenn man von Luftreibung absieht.
Der Wert von g variiert auf der Erde von Ort zu Ort; für Rechnungen verwende man den Wert g= 9.81 m/s^2.
Wie der Name **Erd**beschleunigung schon vermuten lässt, ist der oben genannte Wert nur auf der Erde gültig. Er ergibt sich ja eigentlich aus der Anziehungskraft, die die Erde auf eine Masse ausübt, die sich im Schwerefeld der Erde befindet, nach dem Motto: «Kraft bewirkt Beschleunigung». Aber hier greife ich vor.

2.6.2 Federkraft

Um eine Feder zu dehnen, braucht man eine Kraft, z. B. die Gewichtskraft $\vec{G}$ einer Masse m. Dieselbe Masse m dehnt unterschiedlich «harte» Federn unterschiedlich stark. Man findet für den Zusammenhang zwischen Dehnung um die Strecke $\vec{x}$ und einwirkender Kraft $\vec{G}$:

$$\vec{G} = c \cdot \vec{x} \tag{2.8}$$

In Worten ausgedrückt: eine doppelt so grosse Kraft bewirkt eine doppelt so grosse Auslenkung, eine dreimal so grosse Kraft bewirkt eine dreimal so grosse Auslenkung. Die Proportionalitätskonstante c heisst Federkonstante.

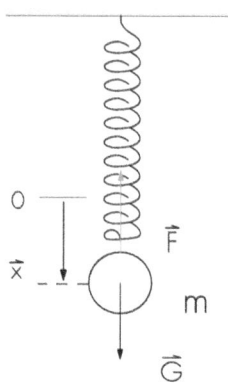

Abbildung 2.4 Feder-Masse-System im Gleichgewicht

Betrachten Sie die Abb. 2.4: die Masse und die Feder sollen beide in Ruhe sein. Dann muss Kräftegleichgewicht herrschen und (wie in der Zeichnung angedeutet) müssen sich die Gewichtskraft $\vec{G}$ (nach unten gerichtet) und die Federkraft $\vec{F}$ (nach oben gerichtet) gerade kompensieren: ihre Richtung ist entgegengesetzt (unterschiedliches Vorzeichen), ihr Betrag gleich gross.
Das führt uns auf das wichtige Gesetz von Hooke:

Theorem 2.5 Hooke'sches Gesetz

$$\vec{F} = -c \cdot \vec{x} \qquad (2.9)$$

Bemerkung
Besonders erwähnen möchte ich bei dieser Gleichung das negative Vorzeichen: es sorgt dafür, dass die Kraft immer entgegengesetzt zur Auslenkung wirkt. Und zwar unabhängig von der Orientierung der Koordinatenachse oder bei Stauchung oder Dehnung der Feder.

Vergleichen Sie die Gleichung 2.8 mit Gleichung 2.9 und Sie werden feststellen, dass $\vec{G} = -\vec{F}$ ist[2].

2 Wie in Abbildung 2.4 zu sehen ist.

2.6.3 Kontaktkraft

Theorem 2.6   Kontaktkraft $\vec{A}$

Die Kraft auf einen Körper an Kontaktstellen zu anderen Körpern, die auf Grund der Gewichtskraft auftritt.

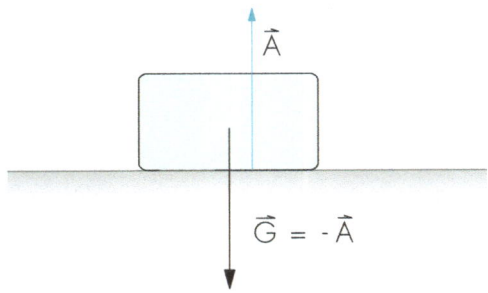

Abbildung 2.5   Kontaktkraft

Betrachten Sie die Abb. 2.5. Darin sehen Sie eine Masse dargestellt, deren Gewichtskraft nach unten zeigt und im Massenmittelpunkt angreift. Wäre dies die einzig wirkende Kraft, so würde die Masse (beschleunigt) nach unten fallen. Das verhindert aber die Unterlage. Wenn Gleichgewicht herrscht (Masse in Ruhe), sorgt die Kontaktkraft für die Kompensation der Gewichtskraft.

Die Kontaktkraft wird manchmal auch als **Normal**kraft bezeichnet . «Normal» bedeutet in diesem Zusammenhang «senkrecht zu», da sie immer senkrecht zur Unterlage wirkt. Oder eigentlich müsste ich sagen: die Unterlage wirkt mit dieser Kraft auf den Körper.

Warum diese Spitzfindigkeit? Weil das Vorhandensein einer Kontaktkraft, wenn zwei Körper sich berühren, erfahrungsgemäss häufig vergessen wird. Dies ist besonders in der Statik genauso tragisch (da dann Kräfte- und Momentenbilanz nicht stimmen) wie häufig (da auch junge Studenten schon vergesslich sein können).

2.6.4 Reibungskraft

Bewegt man zwei sich berührende Körper aneinander vorbei, kann es an den Kontaktstellen und -flächen zu einer Kraft kommen, die dieser Bewegung entgegenwirkt und die Reibung genannt wird. Der Grund wird klar, wenn man sich die beiden Kontaktflächen unter dem Mikroskop ansieht: hier erkennt man, dass auch bei makroskopisch glatten Körpern die Oberfläche eine mikroskopische Struktur und Rauigkeit aufweist (vgl. Abb. 2.6). Solche Unebenheiten können sich mechanisch ineinander «verklammern» oder «verhaken». Ein weiterer Grund für Reibung liegt in molekularen Anziehungskräften (Adhäsion) der Kontaktflächen. Abb. 2.7 soll dies anhand eines einfachen Beispiels veranschaulichen.

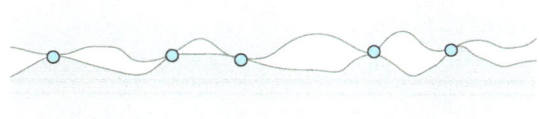

Abbildung 2.6 Mikroskopische Oberflächenbeschaffenheit

Auf einen Klotz, der auf einem Teppich liegt, wird eine Kraft $\vec{F}_1$ nach rechts ausgeübt. Dabei werden die Haare des Teppichs ebenfalls nach rechts gekrümmt. Sie üben nach dem 3. Newtonschen Axiom «actio = - re-actio» (schon wieder ein Vorgriff auf die Newton'schen Gesetze) eine gleich grosse entgegengesetzt gerichtete Gegenkraft $\vec{F}_2$ (Reibungskraft) auf den Klotz aus, die die Bewegung zu hemmen sucht. Man spricht hier von **Haftreibung**. Da sich beide Kräfte kompensieren, bleibt der Klotz in Ruhe.

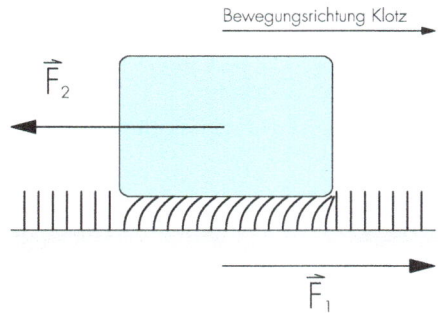

Abbildung 2.7 Klotz haftet auf Teppich

In manchen Fällen ist Reibung unerwünscht, wie z. B. in Kugellagern. In anderen Fällen wiederum ist sie sogar wesentliche Voraussetzung, z. B. bei der Fortbe-

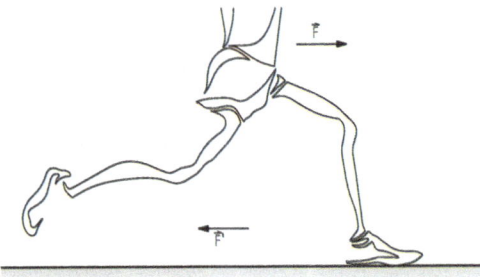

Abbildung 2.8   Prinzip der Fortbewegung durch Reibung

wegung (s. Abb. 2.8). Beim Gehen übt nämlich der Fuss eine Kraft auf den Boden aus, die dank der Reibung am Boden angreifen kann. Der Boden übt seinerseits eine gleich grosse entgegengesetzt gerichtete Kraft auf den Fuss und damit auf den gesamten Körper aus (3. Newtonsches Axiom).

Neben der Haftreibung (Körper in Ruhe) gibt es auch noch die **(trockene) Gleit-reibung** bei der Bewegung eines Körpers. Ausserdem (was hier nicht behandelt wird) tritt Reibung in Form von Rollreibung bei Rollvorgängen auf.

2.6.4.1 Haftreibung

Solange der Körper in Ruhe verharrt, obwohl eine Kraft auf ihn wirkt, ist dafür die Haftreibung verantwortlich. Die Haftreibungskraft ist von sehr veränderlicher Natur. Sie passt sich nämlich immer der gerade im Moment auf den Körper wirkenden äusseren Kraft an: sie ist gleich gross wie diese, aber entgegengesetzt gerichtet (als Reaktionskraft gemäss Newtons drittem Axiom).
Abb. 2.9 zeigt diesen Sachverhalt.

- $F = 0 \longrightarrow$ keine Kraftkomponente parallel zur Unterlage
- F_r wächst mit wachsendem F bis zu einem Grenzwert an: vollentwickelte Reibungskraft $F_{r,voll}$
- Ist $F > F_{r,voll}$: Körper beginnt beschleunigt zu gleiten

In Abb. 2.10 ist das allmähliche Anwachsen der Haftreibungskraft bis zu ihrem Maximalwert und der Übergang an dieser Stelle zur Gleitreibung dargestellt.

Theorem 2.7   Vollentwickelte Haftreibung $F_{r,voll}$
Die Haftreibungskraft wächst bis zu ihrem Maximalwert $F_{r,voll}$. Es gilt: der Maximalwert hängt nur vom verwendeten Materialpaar und der Auflagekraft $\vec{A}$ ab.
$F_{r,voll} = \mu_0 \cdot A$

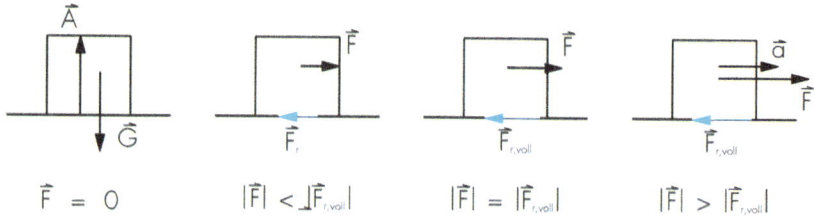

$$\vec{F} = 0 \qquad |\vec{F}| < |\vec{F}_{r,voll}| \qquad |\vec{F}| = |\vec{F}_{r,voll}| \qquad |\vec{F}| > |\vec{F}_{r,voll}|$$

Abbildung 2.9 Anwachsen der Haftreibungskraft bis zu ihrem Maximalwert

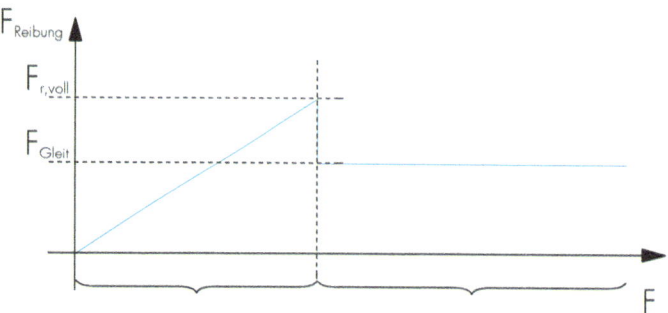

Abbildung 2.10 Von Haftreibung zu Gleitreibung

Bemerkung

Habe ich vergessen, die Vektorpfeile über den Kräften anzubringen? Die Antwort finden Sie in Abb. 2.11.

Einige Literaturwerte für die Haftreibungszahl μ_0 finden Sie in Tab. 2.1.

2.6.4.2 Gleitreibung

Wird die von aussen auf den Körper wirkende Kraft grösser als die vollentwickelte Haftreibungskraft, beginnt der Körper zu gleiten. Auch hier findet Reibung statt.

Theorem 2.8 (trockene) Gleitreibung F_r

Die Gleitreibung F_r hängt nur von den Materialien und der Normalkraft $\vec{A}$ ab. Es gilt:
$$F_r = \mu \cdot A$$

Normalerweise gilt $\mu_0 > \mu$ (vgl. Abb 2.10).
In Tab. 2.2 sind einige typische Literaturwerte versammelt.

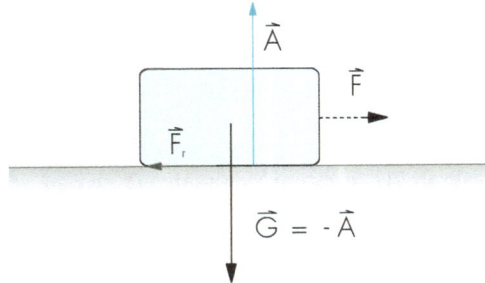

Abbildung 2.11 Bei der Haftreibung wirkende Kräfte

Tabelle 2.1 Haftreibungszahlen

Werkstoff	Haftreibungszahl μ_0
Beton auf Sand	0.56
Beton auf Lehm und Ton	0.30
Gummireifen auf Asphalt, trocken	< 0.9
Gummireifen auf Asphalt, nass	< 0.5
Gummireifen auf Beton, trocken	< 1.0
Gummireifen auf Beton, nass	< 0.6
Holz auf Holz	0.65
Holz auf Stein	0.6
Stahl auf Stahl, trocken	0.2
Stahl auf Stahl, Ölfilm	0.08
Stahl auf Holz	0.5
Stahl auf Glas	0.6
Aluminium auf Aluminium	1.0
Teflon auf Teflon	0.04

Tabelle 2.2 Gleitreibungszahlen

Werkstoff	Gleitreibungszahl μ
Stahl auf Stahl, trocken	0.1
Stahl auf Eis	0.014
Holz auf Stein	0.3
Stahl auf Glas	0.1
Aluminium auf Aluminium	1.0
Teflon auf Teflon	0.02

Kapitel 3
Kinematik

Unser Dasein hat wesentlich die beständige Bewegung
zur Form, ohne Möglichkeit der von uns stets ange-
strebten Ruhe. Es gleicht dem Laufe eines bergab
Rennenden, der, wenn er stillstehen wollte, fallen müsste
und nur durch Weiterrennen sich auf den Beinen hält.
«Parerga und Paralipomena», Arthur Schopenhauer (1788 - 1860)

Die Kinematik untersucht Bewegungsvorgänge[1]. Dabei spielen die Begriffe «Raum» (Ort) und «Zeit» die Rolle von Grundbegriffen. Aus Ort und Zeit gebildete Begriffe: Geschwindigkeit, Beschleunigung. So wie man den Raum und die Zeit als gegeben ansieht und sie zur Grundlage von raum-zeitlichen Veränderungen «Bewegungen» macht, wird auch die Frage nach der Ursache von Bewegung in der Kinematik nicht gestellt.

Diese Fragestellung ist Gegenstand der Dynamik, die wir später kennenlernen werden, und die Newtons berühmte Gesetze beinhaltet.

3.1 Der Ortsvektor

Die Beschreibung von Bewegungen im Raum erfolgt in der Physik mit Hilfe eines speziellen Vektors, des Ortsvektors. Dieser ist insofern speziell als er *per definitionem* immer im Ursprung eines Koordinatensystems beginnt und an den Ort der jeweiligen Position eines Massenpunktes oder Körpers zeigt. Die Abb. 3.1 zeigt den Ortsvektor zu zwei verschiedenen Zeiten t_1 und t_2. Das Gleiche ist in Abb. 3.2 im dreidimensionalen Raum gezeigt. Verfolgt man die Spitze des Ortsvektors, so erhält man die Bahnkurve des Massenpunktes.

---

1 (vgl. Kino kurz für „Kinematograph"-Bewegungsaufzeichner)

S. Rinner, *Physik für Wirtschaftsingenieure*, Schriften zum Wirtschaftsingenieurwesen, https://doi.org/10.1007/978-3-658-47960-2_3

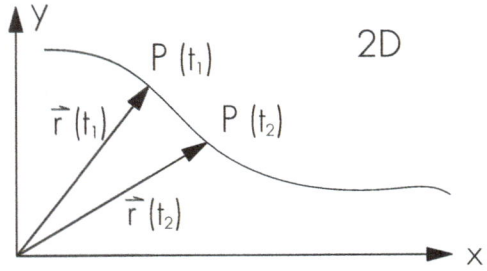

Abbildung 3.1 Ortsvektor zu verschiedenen Zeiten t_1 und t_2 im Zweidimensionalen

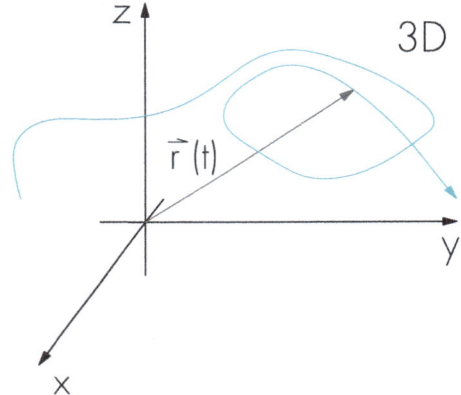

Abbildung 3.2 Ortsvektor zu einer Zeit t im Dreidimensionalen

3.2 Geradlinige Bewegung

Die geradlinige Bewegung ist die am einfachsten zu beschreibende Bewegungsform und soll deshalb als erstes untersucht werden. In diesem Fall erfolgt die
Bewegung entlang einer Geraden: im Folgenden wird das die vertikale s-Achse
in einem s-t-Diagramm sein. Für diesen Spezialfall bezeichnet man den Ortsvektor statt mit $\vec{r}(t)$ mit $\vec{s}(t)$.

3.2.1 Geradlinig gleichförmige Bewegung

Unter einer geradlinig gleichförmigen Bewegung versteht man eine Bewegung
entlang einer Gerade (geradlinig), die mit konstanter Geschwindigkeit erfolgt
($v = \text{const.}, a = 0$).

Sie stellt somit die am einfachsten zu beschreibende Form der Bewegung dar: eindimensional und ohne Geschwindigkeitsänderung.

Zur Beschreibung der Ortsveränderung im Lauf der Zeit wählt man die Grösse «Geschwindigkeit», die wie folgt definiert ist:

Definition 3.1 Mittlere Geschwindigkeit

Die mittlere Geschwindigkeit bei einer gleichförmigen Bewegung ist gegeben durch

$$\bar{\vec{v}} := \frac{\Delta \vec{s}}{\Delta t} = \frac{\vec{s}(t + \Delta t) - \vec{s}(t)}{\Delta t} \tag{3.1}$$

Bemerkung

Beachten Sie, dass es sich bei der Geschwindigkeit um eine vektorielle Grösse mit Betrag und Richtung handelt und seien Sie sich bewusst, dass sich folglich die Geschwindigkeit auch ändern kann, ohne dass sich die Schnelligkeit zu ändern braucht.

Zur Verdeutlichung der vorkommenden Grössen diene Skizze Abb. 3.3:

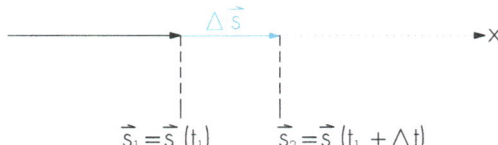

Abbildung 3.3 Veranschaulichung der Grössen bei einer geradlinigen Bewegung

Im Allgemeinen lässt sich die Veränderung des Ortes mit der Zeit graphisch durch das sogenannte s-t-Diagramm veranschaulichen.

Theorem 3.1 s-t-Diagramm 1

Die Geschwindigkeit entspricht der Steigung im s-t-Diagramm.

Theorem 3.2 s-t-Diagramm 2

Eine Gerade als s-t-Diagramm entspricht konstanter Geschwindigkeit.

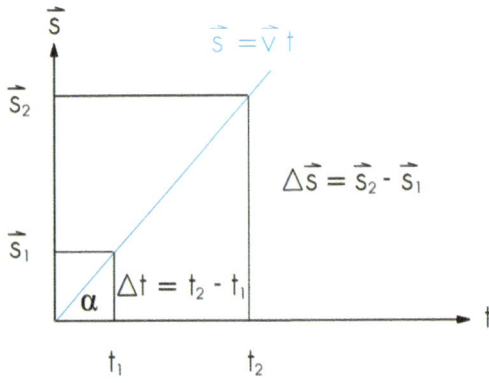

Abbildung 3.4   s-t-Diagramm einer geradlinig gleichförmigen Bewegung

Definition 3.2   Momentane Geschwindigkeit
Die momentane Geschwindigkeit ist definiert durch die Ableitung des Ortes nach der Zeit

$$\vec{v} := \lim_{\Delta t \to 0} \frac{\Delta \vec{s}}{\Delta t} = \lim_{\Delta t \to 0} \frac{\vec{s}(t + \Delta t) - \vec{s}(t)}{\Delta t} = \frac{d\vec{s}}{dt} = \dot{\vec{s}} \tag{3.2}$$

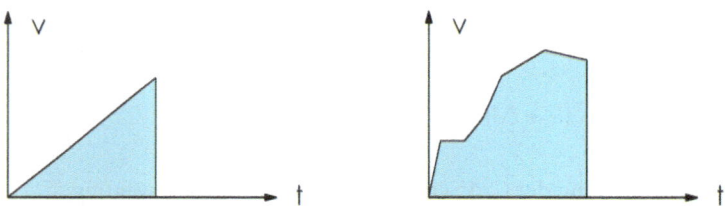

Abbildung 3.5   Weg=Fläche unter der Kurve im v-t-Diagramm

Theorem 3.3   Weg im v-t-Diagramm
Die Fläche unter der Kurve im v-t-Diagramm entspricht dem zurückgelegten Weg.

3.3 Krummlinige Bewegung

Bei allgemeinen Bewegungsvorgängen kann sich nun aber jederzeit auch die Geschwindigkeit ändern: sowohl ihrem Betrag nach (der Körper wird schnel-

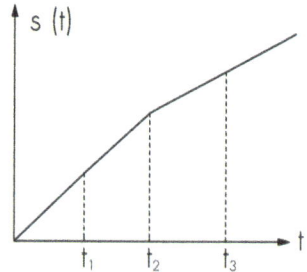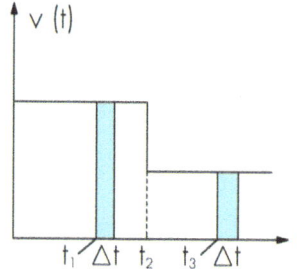

Abbildung 3.6 Zusammenhang zwischen s-t- und v-t-Diagramm

ler oder langsamer) als auch ihrer Richtung nach. In beiden Fällen spricht man von einer beschleunigten Bewegung! Also auch eine Bewegung im Kreis (wir werden darauf später zurückkommen) mit konstantem Betrag der (Winkel-) Geschwindigkeit ist nichtsdestotrotz **beschleunigt**, da der Geschwindigkeitsvektor in jedem Moment seine Richtung ändert.

Ganz analog zur Definition der Geschwindigkeit als zeitliche Änderung des Ortes definiert man die Beschleunigung als zeitliche Änderung der Geschwindigkeit:

Definition 3.3 Mittlere Beschleunigung
Die mittlere Beschleunigung ist gegeben durch

$$\bar{\vec{a}} := \frac{\Delta \vec{v}}{\Delta t} = \frac{\vec{v}(t + \Delta t) - \vec{v}(t)}{\Delta t} \tag{3.3}$$

Definition 3.4 Momentane Beschleunigung
Die momentane Beschleunigung ist definiert durch die Ableitung der Geschwindigkeit nach der Zeit

$$\vec{a} := \lim_{\Delta t \to 0} \frac{\Delta \vec{v}}{\Delta t} = \lim_{\Delta t \to 0} \frac{\vec{v}(t + \Delta t) - \vec{v}(t)}{\Delta t} = \frac{d\vec{v}}{dt} = \dot{\vec{v}} \tag{3.4}$$

Damit hat man alle Begriffe beisammen, um die Bewegung eines Massenpunktes im Raum vollständig zu beschreiben: dazu ist zu jedem Zeitpunkt sein momentaner Ort, seine momentane Geschwindigkeit und seine momentane Beschleunigung anzugeben. Dies erfolgt durch das Aufstellen der drei Bewegungsgleichungen:

Theorem 3.4 Bewegungsgleichungen
Die (gleichmässig beschleunigte) Bewegung eines Massenpunktes wird beschrieben durch folgende Bewegungsgleichungen

$$\vec{a}(t) \quad = \quad const. \tag{3.5}$$

$$\vec{v}(t) \quad = \quad \vec{a} \cdot t + \vec{v}_0 \tag{3.6}$$

$$\vec{s}(t) \quad = \quad \frac{1}{2}\vec{a} \cdot t^2 + \vec{v}_0 \cdot t + \vec{s}_0 \tag{3.7}$$

Wie das Instrumentarium der Bewegungsgleichungen anzuwenden ist, zeige ich im Folgenden an einigen Beispielen.

3.4 Der freie Fall

Sozusagen die natürlichste Bewegungsform: alles, was im Gravitationsfeld der Erde aus einer bestimmten Höhe fallengelassen wird, wird durch die Gravitationskraft zum Erdmittelpunkt hin beschleunigt. Der Betrag der Beschleunigung ist die Erdbeschleunigung g und unabhängig von der Masse. Bevor *Galileo Galilei* durch seine Versuche mit fallenden Körpern in Pisa zeigen konnte, dass dies so ist, glaubte man, Körper mit grösserer Masse fielen schneller. Dies liegt aber in vielen Fällen an den unterschiedlichen Werten des Luftwiderstands der grösseren Körper.

So zeigt Abb. 3.7 das Fallen einer Feder und eines Steins innerhalb eines Glasgefässes, einmal in Luft und einmal nach dem Evakuieren des Glasgefässes.

Es ist auch nicht von vorneherein klar, dass die Bewegung eine beschleunigte Bewegung ist. Die **Richtung** des Geschwindigkeitsvektors ändert sich ja nicht, eine Masse fällt **senkrecht** nach unten. Aber der **Betrag** der Geschwindigkeit nimmt zu. Die Bewegungsgleichungen lauten für den freien Fall aus einer Höhe h und bezogen auf das in Abb. 3.8 zu sehende Koordinatensystem:

$$a_y \quad = \quad const. = -g \tag{3.8}$$

$$v_y(t) \quad = \quad -g \cdot t \tag{3.9}$$

$$y(t) \quad = \quad -\frac{1}{2}g \cdot t^2 + h \tag{3.10}$$

Bemerkung
Nur als Anmerkung: Das y-t-Diagramm beschreibt übrigens nicht die Bahnkurve.

Wie auch in der Abb. 3.8 zu sehen, erfolgt die Bewegung entlang der y-Achse, die Kurve $y(t)$ ist ein Ast einer Parabel. Gezeigt sind auch vier gleich grosse Zeitintervalle t_1, t_2, t_3, t_4 und die zugehörigen Höhen auf der y-Achse.

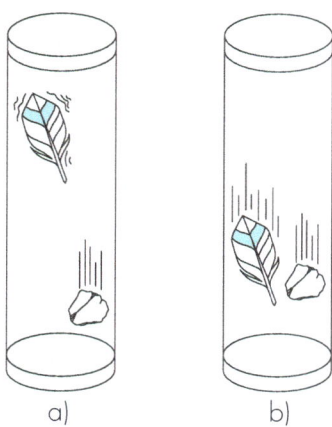

Abbildung 3.7 Ein Stein und eine Feder werden gleichzeitig fallen gelassen: a) in Luft, b) in einem Vakuum

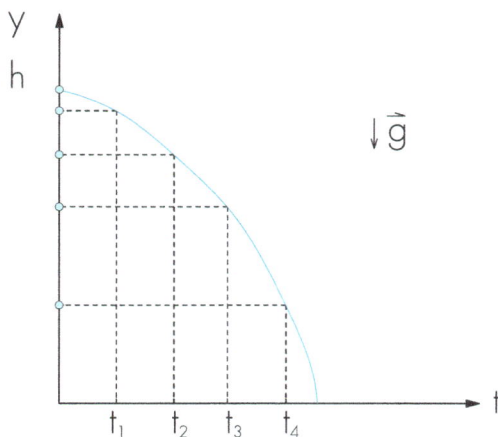

Abbildung 3.8 Weg-Zeit-Diagramm für den freien Fall aus Anfangshöhe h

3.5 Der vertikale Wurf

Unter dieser Bewegungsform versteht man einen Wurf mit einer senkrecht nach oben gerichteten Anfangsgeschwindigkeit $\vec{v}_0$, bei dem sich ein Körper bis zu einer maximalen Wurfhöhe h nach oben bewegt, dort seine Bewegungsrichtung umkehrt und im freien Fall zurück nach unten fällt. Abb. 3.9 zeigt das y-t- sowie das v-t-Diagramm dieser Bewegung.

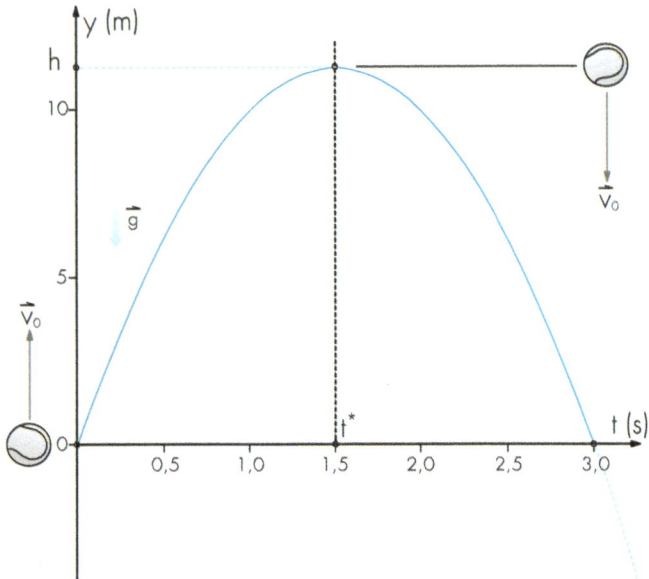

Abbildung 3.9   y-t-Diagramm des vertikalen Wurfs

Die Bewegungsgleichungen für diese Bewegung lauten:

$$a_y \quad = \quad const. = -g \tag{3.11}$$

$$v_y(t) \quad = \quad -g \cdot t + v_0 \tag{3.12}$$

$$y(t) \quad = \quad -\frac{1}{2}g \cdot t^2 + v_0 \cdot t \tag{3.13}$$

3.6 Der horizontale Wurf

Unter dieser Bewegungsform versteht man einen Wurf mit einer horizontal zur Seite gerichteten Anfangsgeschwindigkeit $\vec{v}_0$, bei dem sich ein Körper gleichzeitig mit konstanter Geschwindigkeit horizontal bewegt als auch einen freien Fall (beschleunigte Bewegung!) nach unten erfährt. Abb. 3.10 zeigt das y-x-Diagramm, sowie an einigen Punkten die Geschwindigkeitsvektoren.

Bemerkung

Die horizontale Komponente des Geschwindigkeitsvektors bleibt konstant (keine Beschleunigung in dieser Richtung).

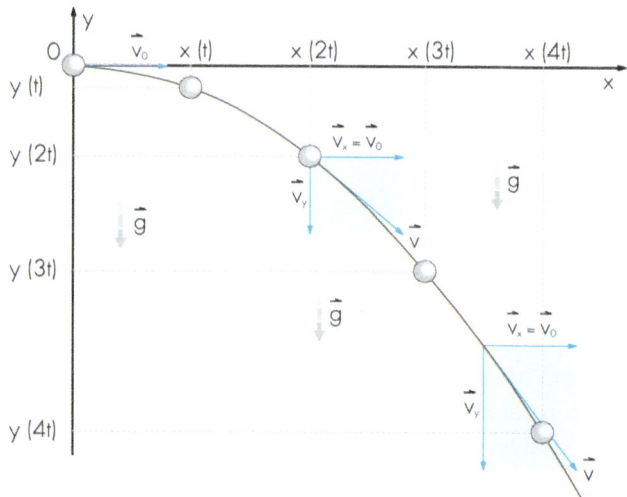

Abbildung 3.10 Bahnkurve (y(x)-Diagramm) des horizontalen Wurfs, sowie einige Geschwindigkeitsvektoren

Bemerkung

Vergleichen Sie Abb. 3.10 mit Abb. 3.8 des freien Falls! Äusserlich ähneln sie einander, es sind aber zwei ganz unterschiedliche Darstellungen! In Abb. 3.10 sehen Sie die tatsächliche Flugkurve der Masse in der y-x-Darstellung. In Abb. 3.8 dagegen ist die y-t-Darstellung zu sehen, die Masse fällt nicht entlang dieser gekrümmten Linie, sondern entlang der y-Achse!

Diese zweidimensionale Bewegung lässt sich in zwei unabhängig voneinander ablaufende eindimensionale Bewegungen in x- und in y-Richtung aufteilen. Die Bewegung in x-Richtung ist eine gleichförmige Bewegung mit Geschwindigkeit v_0 mit den zugehörigen Bewegungsgleichungen:

$$a_x = 0 \tag{3.14}$$

$$v_x(t) = v_0 \tag{3.15}$$

$$x(t) = v_0 \cdot t \tag{3.16}$$

Die Bewegung in y-Richtung ist ein freier Fall und durch die dafür bereits bekannten Gleichungen zu beschreiben:

$$a_y = const. = -g \tag{3.17}$$

$$v_y(t) = -g \cdot t \tag{3.18}$$

$$y(t) = -\frac{1}{2}g \cdot t^2 \tag{3.19}$$

Hierbei wurde der Ursprung des Koordinatensystems so gelegt, dass die Anfangshöhe h=0 ist.

3.7 Kreisbewegung

Bewegt sich ein Körper auf einem Kreis, so hat er zu jedem Zeitpunkt immer denselben Abstand zum Kreismittelpunkt (Radius). D. h. um seine momentane Position anzugeben, reicht es aus, wenn man den Winkel $\varphi(t)$ zur Horizontalen angibt. Dieser ändert sich von Moment zu Moment und ist somit eine Funktion der Zeit. Statt wie bei der Translationsbewegung also einen Ort $\vec{s}(t)$ zu spezifizieren, gibt man bei Kreisbewegungen besser den Winkel $\varphi(t)$ an: Ort durch Winkel ersetzen.

Dem zurückgelegten Weg entspricht dann ein Stück eines Kreisbogens, das man Bogenlänge nennt und das wie folgt mit dem Radius und dem Winkel zusammenhängt:

> **Definition 3.5** Bogenlänge
> *Die Bogenlänge eines Kreisbogens ist gegeben durch*
>
> $$s = r \cdot \varphi \tag{3.20}$$

Dabei ist φ der vom Ortsvektor «überstrichene» Winkel im Bezug zur Horizontalen und im Bogenmass zu nehmen: $[\varphi]$ =rad. Sicher erinnern Sie sich auch

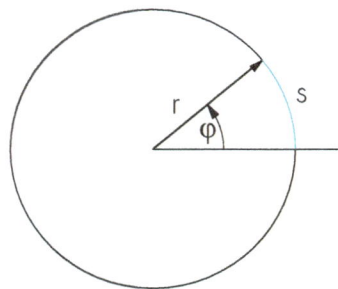

Abbildung 3.11 Zur Veranschaulichung der Bogenlänge

daran, im Geometrieunterricht schon einmal eine Bogenlänge berechnet zu haben, nämlich den Umfang eines Kreises: hier ist der «überstrichene» Winkel gerade 360° im Gradmass oder 2π im Bogenmass; die Länge des Kreisbogens also nach obiger Formel $2\pi \cdot r$.

Hat man dies einmal verstanden, folgt alles Weitere ganz natürlich und ungezwungen: spricht man bei Translationsbewegungen von der Geschwindigkeit als zeitliche Änderung des Ortes, so ist die natürliche Entsprechung bei der Kreisbewegung (Ort durch Winkel ersetzen) die zeitliche Änderung des Winkels:

Definition 3.6   Winkelgeschwindigkeit
Die Winkelgeschwindigkeit (auch Kreisfrequenz) ist gegeben durch

$$\omega = \frac{d\varphi}{dt} \tag{3.21}$$

Und analog auch mit der Beschleunigung: statt zeitliche Änderung der Geschwindgkeit braucht man nur zeitliche Änderung der Winkelgeschwindgkeit zu sagen und hat damit die richtige Definition gefunden:

Definition 3.7   Winkelbeschleunigung
Die Winkelbeschleunigung ist gegeben durch

$$\alpha = \frac{d\omega}{dt} = \frac{d^2\varphi}{dt^2} \tag{3.22}$$

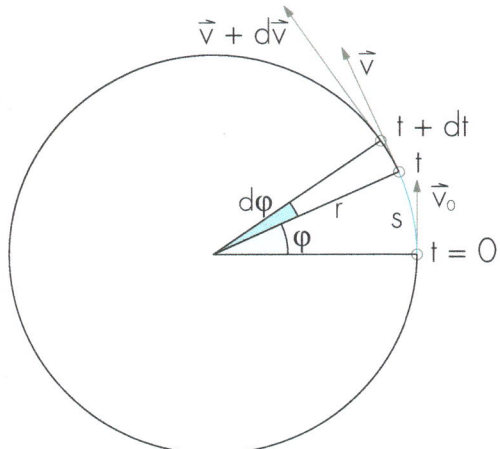

Abbildung 3.12   Zur Veranschaulichung der Winkelgeschwindigkeit ω

Bei der Kreisbewegung verwendet man noch weitere Grössen, die von der Winkelgeschwindigkeit abgeleitet sind:

Definition 3.8 Frequenz
Die Frequenz f ist gegeben durch

$$f = \frac{\omega}{2\pi} \tag{3.23}$$

Definition 3.9 Periodendauer
Die Periodendauer T ist gegeben durch

$$T = \frac{1}{f} \tag{3.24}$$

3.7.1 Zusammenhang von Translations- und Rotationsbewegung

Wie oben schon ausgeführt hängen die Grössen der Translations- und Rotations-bewegung miteinander zusammen. Es gibt eine «Übersetzungsvorschrift», wie man von der Beschreibung der einen Bewegungsart zur Beschreibung der anderen gelangt: teilt man die Grössen bei der Translationsbeweung durch den Radius r der Kreisbewegung, so erhält man die «richtigen» Grössen, die eine Beschreibung der Kreisbewegung erlauben.

3.7.2 Zentripetalkraft und -beschleunigung

Um einen Körper auf einer Kreisbahn zu halten, muss man ihn ständig hin zum Zentrum ziehen (s. Abb. 3.13), denn sonst würde er sich auf einer geradlinigen Bahn weiter bewegen (s. Abb. 3.15). Diese Kraft heisst Zentripetalkraft[2] und be-wirkt eine Zentripetalbeschleunigung[3].

2 lat. *petere* - nach etwas streben
3 Dass Kräfte immer auch Beschleunigungen verursachen können, ist eines der drei Newtonschen Axiome (s. dort!)

Tabelle 3.1 Zusammenhang der Grössen bei Translations- und Rotationsbewegung

Translationsbewegung		Rotationsbewegung
s	$=$	$r\varphi$
v	$=$	$r\omega$
a	$=$	$r\alpha$

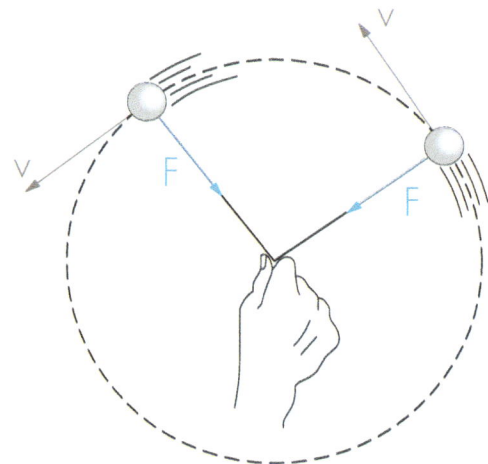

Abbildung 3.13 Zentripetalkraft und Tangentialgeschwindigkeit zu zwei verschiedenen Zeitpunkten

Die Grösse und Richtung der Zentripetalbeschleunigung ergibt sich wie folgt: die Bahn eines Massenpunktes, der sich in einem Kreis mit Radius r und mit der Winkelgeschwindigkeit ω bewegt, lässt sich wie folgt als Vektor beschreiben:

$$\vec{r}(t) = \begin{bmatrix} r \cdot \cos(\omega \cdot t) \\ r \cdot \sin(\omega \cdot t) \end{bmatrix}$$

Damit lässt sich auch die Translationsgeschwindigkeit berechnen:

$$\vec{v}(t) = \dot{\vec{r}}(t) = \begin{bmatrix} -r \cdot \omega \cdot \sin(\omega \cdot t) \\ r \cdot \omega \cdot \cos(\omega \cdot t) \end{bmatrix}$$

Und ebenso die Translationsbeschleunigung:

$$\vec{a}(t) = \ddot{\vec{r}}(t) = \begin{bmatrix} -r \cdot \omega^2 \cdot \cos(\omega \cdot t) \\ -r \cdot \omega^2 \cdot \sin(\omega \cdot t) \end{bmatrix} = -\omega^2 \cdot \vec{r}(t)$$

Theorem 3.5 Zentripetalbeschleunigung

Tabelle 3.2 Bewegungsgleichungen für Kreisbewegungen

gleichförmige Kreisbewegung	gleichmässig beschleunigte Kreisbewegung
$\alpha(t) = 0$	$\alpha(t) = \alpha_0$
$\omega(t) = \omega_0$	$\omega(t) = \omega_0 + \alpha_0 \cdot t$
$\varphi(t) = \varphi_0 + \omega_0 \cdot t$	$\varphi(t) = \varphi_0 + \omega_0 \cdot t + \frac{1}{2}\alpha_0 \cdot t^2$

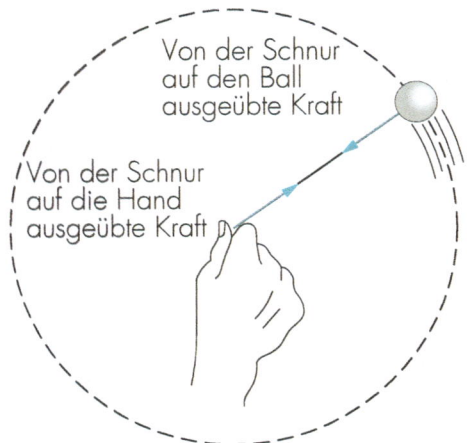

Abbildung 3.14   Zentripetalkraft wird durch Kraft in der Schnur physikalisch realisiert

Die Zentripetalbeschleunigung ist gegeben durch

$$\vec{a}_{zp}(t) = \begin{bmatrix} -r \cdot \omega^2 \cdot \cos(\omega \cdot t) \\ -r \cdot \omega^2 \cdot \sin(\omega \cdot t) \end{bmatrix} = -\omega^2 \cdot \vec{r}(t) \tag{3.25}$$

Die Zentripetalbeschleunigung ist also ein Vektor, der zu jedem Zeitpunkt in die entgegengesetzte Richtung wie der Ortsvektor zeigt.

Um daraus die Zentripetalkraft zu erhalten, muss man die Zentripetalbeschleunigung noch mit der Masse des Massenpunktes multiplizieren:

Theorem 3.6   Zentripetalkraft
Die Zentripetalkraft ist gegeben durch

$$\vec{F}_{zp}(t) = m \cdot \begin{bmatrix} -r \cdot \omega^2 \cdot \cos(\omega \cdot t) \\ -r \cdot \omega^2 \cdot \sin(\omega \cdot t) \end{bmatrix} = -m \cdot \omega^2 \cdot \vec{r}(t) \tag{3.26}$$

Bemerkung
*Beachten Sie, dass die Zentri**petal**kraft tatsächlich auf die Masse einwirkt. Hingegen gibt es **keine** Zentri**fugal**kraft! Wäre eine solche vorhanden, würde der Ball in Abb. 3.15 wie links in der Abbildung gezeigt wegfliegen sobald man die Schnur durchtrennt. Tatsächlich bewegt er sich aber tangential weiter wie es rechts gezeigt ist.*

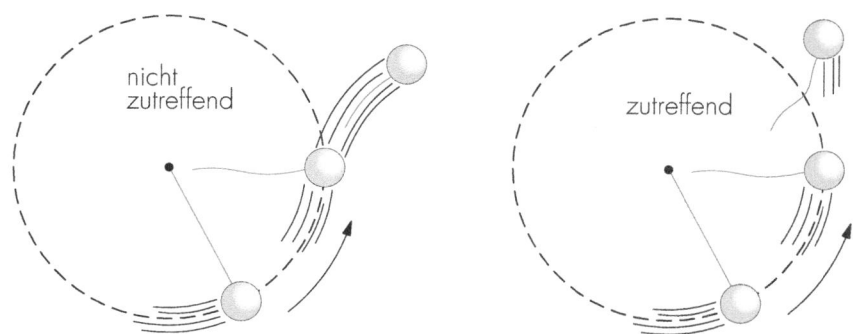

Abbildung 3.15 Zentripetalkraft hält die Masse auf einer Kreisbahn

Theorem 3.7 Betrag der Zentripetalbeschleunigung
Der Betrag der Zentripetalbeschleunigung ist gegeben durch

$$a_{zp} = \frac{v^2}{r} \tag{3.27}$$

Theorem 3.8 Betrag der Zentripetalkraft
Der Betrag der Zentripetalkraft ist gegeben durch

$$F_{zp} = m\frac{v^2}{r} \tag{3.28}$$

Kapitel 4
Newton'sche Axiome und Gravitationsgesetz

4.1 Die Newton'schen Axiome

Historisch gesehen beginnt mit Galileo Galilei die neuzeitliche experimentelle und mit Isaac Newton die neuzeitliche theoretische Physik. In einer physikalischen Theorie wird versucht, alle Beobachtung durch eine möglichst kleine Zahl an Grundgesetzen (Axiomen) zu beschreiben, die selbst nicht begründet werden können. Anders gesagt: aus den Axiomen können alle weiteren Sätze einer Theorie abgeleitet werden. Newton veröffentlichte seine «Philosophiae Naturalis Principia Mathematica» im Jahr 1687. Darin formuliert er die drei Grundgesetze, die das Fundament der klassischen Mechanik bilden als «Axiomata, sive leges motus (Axiome oder Gesetze der Bewegung)».

Theorem 4.1   Newton'sches Axiom I
Solange auf einen Körper keine resultierende Kraft einwirkt, verharrt er in Ruhe oder im Zustand der gleichförmigen Bewegung, d. h. er behält seine Geschwindigkeit nach Betrag und Richtung bei.

Das erste Axiom ist eigentlich kontra-intuitiv. Setzt man im Alltag einen Körper in Bewegung, kommt er irgendwann einmal zum Stillstand. In der Lehre des Aristoteles wurde jede Bewegung auf weitere vorausgegangene Bewegungen zurückgeführt, was natürlich dazu führt, dass am Anfang der Kette ein «erster Beweger» stand.

© Der/die Herausgeber bzw. der/die Autor(en), exklusiv lizenziert an Springer Fachmedien
Wiesbaden GmbH, ein Teil von Springer Nature 2025
S. Rinner, *Physik für Wirtschaftsingenieure*, Schriften zum Wirtschaftsingenieurwesen,
https://doi.org/10.1007/978-3-658-47960-2_4

Es bedarf schon eines grossen Abstraktionsvermögens, sich den im Alltag nicht existenten Vorgang einer reibungsfreien Bewegung als den Normalfall einer Bewegung vorzustellen.

Theorem 4.2 Newton'sches Axiom II
Kraft verursacht Beschleunigung (Änderung der Grösse und/oder Richtung der Geschwindigkeit).

$$\vec{F} = m \cdot \vec{a} \tag{4.1}$$

Hier sieht man, dass das Newton'sche Axiom I eigentlich ein Spezialfall des Newton'schen Axioms II ist. Ist nämlich die linke Seite von 4.1 Null (keine Kraft), so auch die rechte Seite mit der Beschleunigung. Keine Beschleunigung bedeutet Bewegung mit konstanter Geschwindigkeit oder Ruhezustand.

Bemerkung
Beachten Sie die Vektorpfeile in 4.1! Was bedeutet das z. B. für eine krummlinige Bewegung?

Theorem 4.3 Newton'sches Axiom III
Übt ein Körper auf einen zweiten eine Kraft $\vec{F}_{12}$ aus, so übt der zweite Körper gleichzeitig eine entgegengesetzt gerichtete, gleich grosse Kraft $\vec{F}_{21} = -\vec{F}_{12}$ auf den ersten Körper aus.

«*actio = - re-actio*»

Kräfte treten also immer paarweise auf, man spricht von «Actio-Reactio-Paaren».

Theorem 4.4 Aktionsprinzip der Translationsbewegung
Die Beschleunigung ergibt sich aus der Netto-Kraft aller an der Masse angreifenden Kräfte.

$$\sum_{i=1}^{N} \vec{F}_i = m \cdot \vec{a} \tag{4.2}$$

4.1.1 Schwere und träge Masse

In einem Gravitationsfeld (Schwerefeld) wirkt auf eine Masse die Gewichtskraft

$$\vec{G} = m_{schwer} \cdot \vec{g} \tag{4.3}$$

Versucht man, eine Masse zu beschleunigen, so muss man gemäss dem Axiom Newton I ihre Trägheit überwinden und eine Kraft aufbringen:

$$\vec{F} = m_{traege} \cdot \vec{a} \tag{4.4}$$

Nun scheint die Idee, beide «Arten» von Masse könnten verschieden sein, etwas merkwürdig und abwegig, aber doch nicht von vorneherein ausgeschlossen. Alle bislang durchgeführten Präzisionsmessungen haben denn auch ergeben, dass schwere und träge Masse übereinstimmen[1].

Theorem 4.5   Schwere Masse = Träge Masse
Schwere und träge Masse stimmen überein:

$$m_{schwer} = m_{traege} \tag{4.5}$$

Diese als «Äquivalenzprinzip» bekannte Aussage leitete Albert Einstein zu seiner «Allgemeinen Relativitätstheorie».

4.1.2 (Massen)Trägheitsmoment

Möchte man eine Punktmasse m auf einer Kreisbahn mit Radius R bewegen, benötigt man dazu eine Kraft $F = m \cdot a = m \cdot \alpha \cdot R^2$. Nun erkennt man rein formal, dass bei der Drehbewegung nicht alleine nur die träge Masse entscheidend ist, sondern zusätzlich auch der Radius R der Kreisbahn. Man kann auch schreiben $F = m \cdot a = (m \cdot R^2)\alpha$, dann kommt die Analogie noch deutlicher zum Vorschein. Aus diesem Grund definiert man:

Definition 4.1   Trägheitsmoment einer Punktmasse
Das Trägheitsmoment J einer Punktmasse m ist gegeben durch:

$$J = m \cdot R^2 \tag{4.6}$$

wenn R den Abstand zum Drehpunkt bezeichnet.

---

1   Eötvös (später mit Pekar und Fekete) führte 1899 das Eötvös-Experiment durch. Eine Masse wird an einem Pendel aufgehängt. Dann wirkt einerseits die zum Erdinnern gerichtete Gewichtskraft, andrerseits die durch die Eigenrotation der Erde hervorgerufene Kraft und es stellt sich ein bestimmter Auslenkungswinkel ein. Wären schwere und träge Masse nicht gleich, müsste es für verschiedene Materialien unterschiedliche Winkel ergeben (träge Masse ist bei allen Materialien ja gleich)

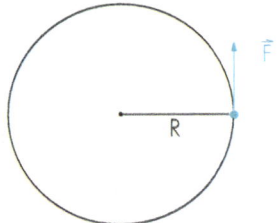

Abbildung 4.1   Bewegung einer (Punkt-)Masse m auf einer ebenen Kreisbahn mit Radius R (Draufsicht)

Theorem 4.6   Aktionsprinzip der Rotationsbewegung
Die Winkelbeschleunigung ergibt sich aus dem Netto-Drehmoment aller an der Masse angreifenden Drehmomente und dem Trägheitsmoment.

$$\sum_{i=1}^{N} \vec{M}_i = J \cdot \vec{\alpha} \tag{4.7}$$

Theorem 4.7   Kombinationssatz
Besteht ein Körper aus mehreren Teilkörpern, so ist das gesamte Trägheitsmoment die Summe der einzelnen (Teil)Trägheitsmomente.

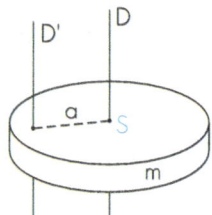

Abbildung 4.2   Zur Illustration des Satzes von Steiner

Theorem 4.8   Satz von Steiner
Das Trägheitsmoment J_s eines Körpers bezüglich einer Drehachse D durch den Schwerpunkt S sei bekannt (Abb. 4.2). Mit dem Satz von Steiner lässt sich das Trägheitsmoment J' bezüglich einer zu D parallelen Drehachse D' im Abstand a vom Schwerpunkt S berechnen:

$$J' = J_s + m \cdot a^2 \tag{4.8}$$

4.2 Newton'sches Gravitationsgesetz

Isaac Newton soll einer Legende nach von einem Apfel, der ihm unter einem Apfelbaum sitzend auf den Kopf fiel, auf das Gesetz über die Anziehung zweier Massen gebracht worden sein. Wahrscheinlicher ist, dass er durch die Untersuchungen zur Beschleunigung durch *Galileo Galilei*, zu den Planetenbewegungen durch *Johannes Kepler* und durch einen Briefwechsel mit *Robert Hooke* auf die Form des Gravitationsgesetzes kam.[2] Wie dem auch sei, das Gesetz macht eine Aussage über die Anziehungskraft zwischen zwei Massen:

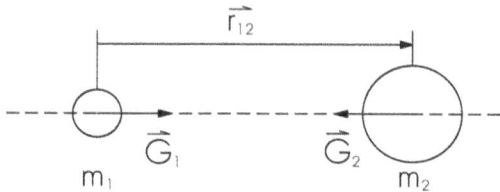

Abbildung 4.3   Gegenseitige Anziehung zweier Massen

Theorem 4.9   Newton'sches Gravitationsgesetz
Die Anziehungskraft zweier Massen m_1 und m_2 im Abstand r_{12} voneinander ist gegeben durch

$$G = G^* \frac{m_1 \cdot m_2}{r_{12}^2} \tag{4.9}$$

mit der Gravitationskonstante $G^* = 6.67 \cdot 10^{-11} Nm^2/kg^2$

Die wesentlichen Aussagen dieses Gesetzes sind:

- Zwei Massen ziehen sich stets an, es gibt keine abstossende Kraft.
- Die Kraft nimmt mit dem Quadrat des Abstands zwischen den Massen ab.

Das Gravitationsgesetz macht keine Aussage über die Ursache der Gravitationskraft. Auch ist die Wirkung *instantan*, d. h. die Gravitationskraft wirkt über beliebig grosse Entfernungen sofort. Dies missfiel schon Newton selbst. Und auch seine Zeitgenossen wie *Christian Huygens* und *Gottfried Wilhelm Leibniz* warfen ihm vor, er führe wieder okkulte Kräfte ein. Die instantane Fernwirkung widerspricht auch dem Postulat der Speziellen Relativitätstheorie Albert Einsteins, nach dem die Lichtgeschwindigkeit die obere Grenze für Geschwindigkeit darstellt, mit der

---

2 Robert Hooke warf Newton später ein Plagiat vor, da dieser in einem Brief an Hooke von konstanter Schwerkraft ausging, während Hooke annahm, sie nähme mit dem Abstand ab.

sich Information ausbreiten kann. Erst ihm (Albert Einstein) gelang die Formulierung einer Gravitationstheorie (*Allgemeine Relativitätstheorie*), in der sich auch die Gravitation mit (der endlichen) Lichtgeschwindigkeit ausbreitet.

Ein Beispiel: Würde von einem Augenblick auf den nächsten die Sonne verschwinden, so würden wir sie noch etwa acht Minuten sehen können (so lange braucht das Licht auf seinem Weg von der Sonne zu uns). Und auch erst in dem Moment, in dem wir sie nicht mehr sehen, würden wir also ihr Verschwinden auch spüren können.

Es ist auch interessant in diesem Zusammenhang daran zu denken, dass Newton in seinem zweiten wichtigen Werk *Optics or a treatise of the Reflections, Refractions, Inflections and Colours of light* die Überzeugung äusserte, Licht bestehe aus Lichtteilchen und die Farben entstünden durch unterschiedliche Grössen der Teilchen. So begründete er die Zerlegung weissen Lichts durch ein Prisma in seine Spektralfarben. Somit liefert Newtons Gravitationsgesetz aber auch eine Begründung für die Ablenkung von Licht durch schwere Massen. Dasselbe folgt aus der *Allgemeinen Relativitätstheorie* Albert Einsteins. Erstaunlicherweise gelang Einstein durch dieselbe Annahme (Licht besteht aus Teilchen, *Lichtquanten*) im Jahr 1905 die Erklärung des fotoelektrischen Effekts, wofür er den Nobelpreis im Jahr 1921 erhielt (und nicht etwa für die Relativitätstheorien).

Kapitel 5
Arbeit, Energie und Leistung

5.1 Definition der Arbeit

Um eine konstante Kraft $\vec{F}$ entlang eines Weges $\vec{s}$ zu verschieben, ist Arbeit zu leisten.

Theorem 5.1 Arbeit bei konstanter Kraft
Die Arbeit ist das Skalarprodukt aus Kraft und Weg.

$$W := \vec{F} \cdot \vec{s} = F \cdot \cos(\alpha) \cdot s = F_s \cdot s \quad [W] = 1N \cdot m = 1\frac{kg \cdot m^2}{s^2} = 1J \quad (5.1)$$

Hierbei steht F_s für die Komponente der Kraft, die in Wegrichtung liegt (s. Abb. 5.1, 5.2, 5.3).

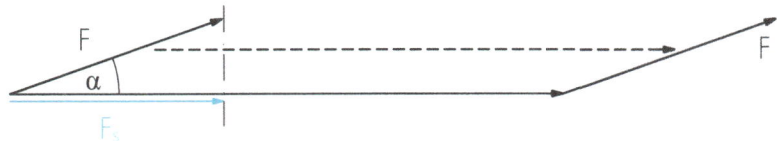

Abbildung 5.1 Definition der Arbeit

S. Rinner, *Physik für Wirtschaftsingenieure*, Schriften zum Wirtschaftsingenieurwesen,
https://doi.org/10.1007/978-3-658-47960-2_5

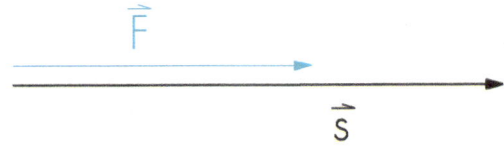

Abbildung 5.2 Kraft und Weg liegen parallel

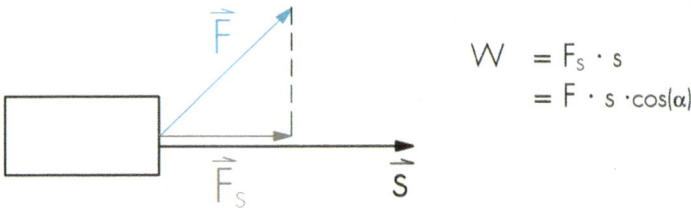

Abbildung 5.3 Kraftvektor und Weg bilden einen Winkel α

Im allgemeinen Fall ist aber die Kraft entlang des Weges nicht konstant. Das kann folgende Gründe haben:

- Der Betrag ändert sich entlang des Weges.
- Der Winkel zwischen Kraftvektor und Weg ändert sich.

Dann geht man so vor, dass man den Weg solange in kleine Wegstücke $\Delta \vec{s}$ zerlegt, bis entlang eines jeden solchen Wegstücks die Kraft wieder als konstant angenommen werden kann (wie in Abb. 5.6 zu sehen). Dann bildet man für jedes Wegstück das Produkt aus «Kraft mal Wegstück» und summiert am Ende alle Teilbeträge auf:

Theorem 5.2 Arbeit bei nicht-konstanter Kraft

$$W = \sum \vec{F} \cdot \Delta \vec{s} = \sum F \cdot s \cdot \cos(\alpha) \tag{5.2}$$

5.2 Arbeitsformen

5.2.1 Hubarbeit

Wird ein Körper im Schwerefeld der Erde bezüglich eines beliebig gewählten Nullpunktes um die Höhe h angehoben, so muss an ihm gegen die Gravitation

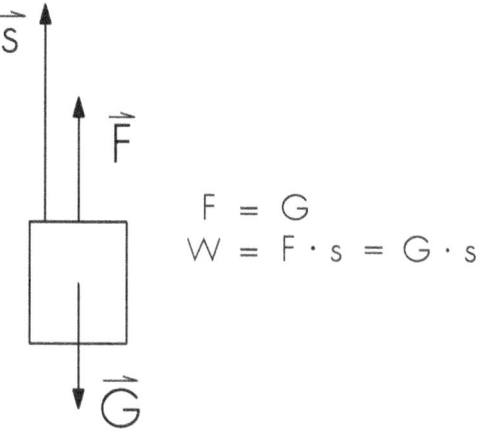

Abbildung 5.4 Kraft und Weg liegen parallel

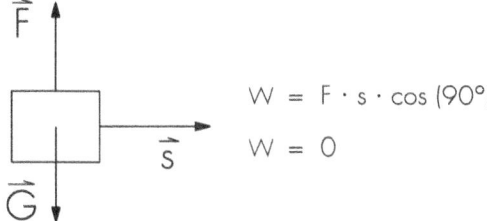

Abbildung 5.5 Kraft und Weg stehen senkrecht aufeinander

Arbeit verrichtet werden. Da Wegrichtung und Kraftrichtung parallel sind, ist das Skalarprodukt das gewöhnliche Produkt reeller Zahlen.

Theorem 5.3 Hubarbeit
Die Hubarbeit, um eine Masse m auf die Höhe h über einem beliebig wählbaren Nullniveau zu heben, ist gegeben durch

$$W = m \cdot g \cdot h \tag{5.3}$$

Auf welchem Weg man diese Höhendifferenz zurücklegt, ist nicht relevant. Man kann den Körper z. B. direkt anheben oder aber ihn über eine schiefe Ebene um diese Höhendistanz anheben (s. Abb. 5.7)

Bemerkung
Versuchen Sie, anhand der Abb. 5.7 die Formel für die Hubarbeit abzuleiten.

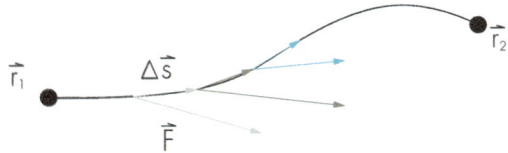

Abbildung 5.6 Definition der Arbeit bei nicht-konstanter Kraft

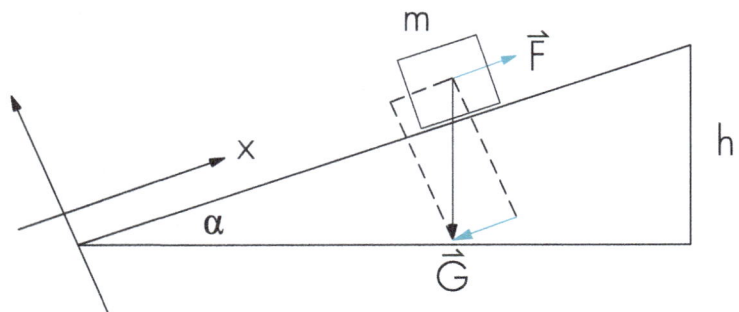

Abbildung 5.7 Hubarbeit an der schiefen Ebene

5.2.2 Federspannarbeit

Die Kraft, um eine Feder zu spannen, ist nicht konstant, sondern proportional zur Auslenkung. Wenn die Feder bereits die Auslenkung x hat, benötigt man für das nächste Δx einen Aufwand $\Delta W = F(x) \cdot \Delta x$ (s. Abb. 5.8).

Zur Bestimmung der Federspannarbeit kann man das Hooke'sche Gesetz und die Abb. 5.9 verwenden:

$$W = \frac{1}{2}F(x) \cdot x = \frac{1}{2}c \cdot x \cdot x = \frac{c \cdot x^2}{2} \tag{5.4}$$

mit der Federkonstante c.

Theorem 5.4 Federspannarbeit
Die Federspannarbeit, um eine Feder mit Federkonstante c um den Betrag x zu spannen, ist gegeben durch

$$W = \frac{1}{2}c \cdot x^2 \tag{5.5}$$

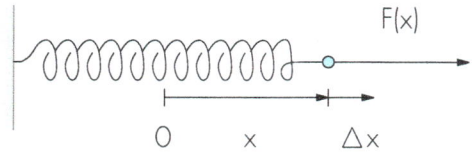

Abbildung 5.8   Federspannarbeit bei Vordehnung

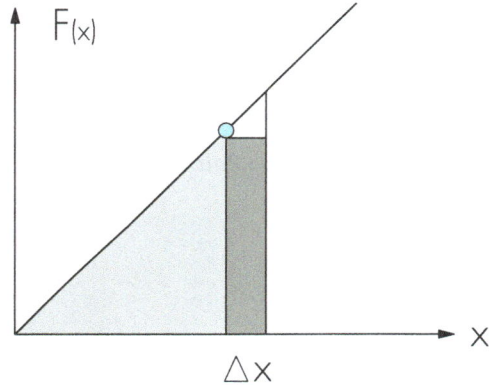

Abbildung 5.9   Hooke'sches Gesetz

5.2.3 Beschleunigungsarbeit

Wirkt auf einen ruhenden Körper eine Kraft F, so wird dieser beschleunigt. Dabei hängt die Geschwindigkeit von der an ihm geleisteten Arbeit, der Beschleunigungsarbeit, ab (s. Abb. 5.10). Auch diese lässt sich aus der Grundformel herleiten, so dass Grössen wie Masse und Geschwindigkeit darin vorkommen.

$$W = F \cdot s = m \cdot a \frac{v^2}{2a} = \frac{1}{2} m \cdot v^2 \qquad (5.6)$$

Theorem 5.5   Beschleunigungsarbeit
Die Beschleunigungsarbeit, um eine Masse m aus der Ruhe auf die Geschwindigkeit v zu beschleunigen, ist gegeben durch

$$W = \frac{1}{2} m \cdot v^2 \qquad (5.7)$$

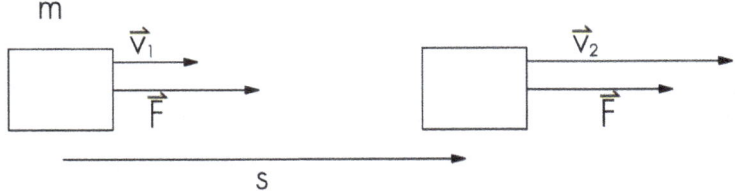

Abbildung 5.10   Beschleunigungsarbeit

5.3 Leistung

Leistung ist definiert als die Arbeit ΔW, die in einem Zeitintervall Δt geleistet wird, dividiert durch das Zeitintervall Δt, kurz: **Arbeit pro Zeit**.

Definition 5.1   Leistung P
Die Leistung ist gegeben durch

$$P = \frac{\Delta W}{\Delta t}$$

(5.8)

5.3.1 Die Leistung einer konstanten Kraft

Ist die Kraft F entlang des Weges konstant, so findet man:

$$P = \frac{F\Delta s}{\Delta t} = F\frac{\Delta s}{\Delta t} = F \cdot v$$

5.4 Energie

- Energie ist ein Mass für die Fähigkeit eines Körpers, Arbeit zu leisten.
- Wurde an einem Körper Arbeit geleistet (z.B. eine Masse angehoben oder eine Feder gespannt), ist dieser Körper nun seinerseits in der Lage, Arbeit zu verrichten.
- Ein Körper kann Energie speichern. Sein Energiezuwachs ist gleich der an ihm geleisteten Arbeit. Nach dieser Definition sind die Einheiten von Arbeit und Energie gleich. Als Symbol für die Energie wählt man E oder W.
- Es gibt verschiedene Erscheinungsformen von Energie.
- Zwei besonders wichtige sind die potentielle und die kinetische Energie.

5.5 Energieformen

5.5.1 Potentielle Energie

- Ein Körper hat dank seiner Lage Energie gespeichert $\longrightarrow$ Lageenergie.
- Bei Änderung seiner Position kann der Körper Energie freisetzen.
- Bei potentiellen Energien muss ein Nullniveau für die Energie angegeben werden. Die Wahl des Nullniveaus ist vollkommen willkürlich (s. Abb. 5.11).
- Physikalisch von Bedeutung sind nur Differenzen von potentiellen Energien.
- Die potentielle Energie im Punkt P wird positiv gerechnet, wenn der Körper beim Übergang von P ins Nullniveau Arbeit zu leisten vermag.

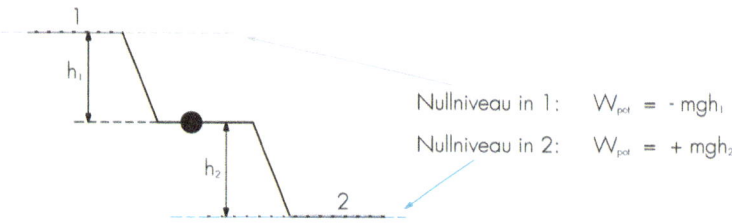

Abbildung 5.11 Potentielle Energie bezogen auf verschiedene Nullniveaus

Theorem 5.6 Potentielle Energie
Die potentielle Energie einer Masse m in der Höhe h über einem beliebig wählbaren Nullniveau ist gegeben durch

$$E_{pot} = m \cdot g \cdot h \qquad (5.9)$$

5.5.2 Federenergie

Um eine Feder zu spannen, muss Arbeit geleistet werden.
Diese geleistete Arbeit ist dann in der Feder als Federenergie gespeichert.

- Geht die Feder aus dem gespannten Zustand in den ungespannten Zustand über, setzt sie diese Energie frei.
- Die Federenergie ist eine potentielle Energie.
- Als Nullniveau nimmt man stets den ungespannten Zustand an.
- Die potentielle Energie einer Feder ist nie negativ.

Theorem 5.7 Federspannenergie
Die Federspannenergie einer um den Betrag x gedehnten Feder mit Federkonstante c ist gegeben durch

$$E_{spann} = \frac{1}{2}c \cdot x^2 \tag{5.10}$$

5.5.3 Kinetische Energie

Um einen ruhenden Körper auf die Geschwindigkeit v zu beschleunigen, braucht es Beschleunigungsarbeit.
Diese geleistete Arbeit ist im Körper als kinetische Energie gespeichert.
Beim Abbremsen kann der Körper die kinetische Energie freisetzen und damit z.B. einen Körper anheben oder eine Feder spannen.

Theorem 5.8 Kinetische Energie
Die kinetische Energie (Bewegungsenergie) einer Masse m mit Geschwindigkeit v ist gegeben durch

$$E_{kin} = \frac{1}{2}m \cdot v^2 \tag{5.11}$$

5.5.4 Energieerhaltung

Energie kann als solche nicht aus dem Nichts erzeugt oder vernichtet werden. Sie kann nur von einer Energieform in eine andere umgewandelt werden (mechanisch, chemisch, thermisch, elektrisch,...).

Definition 5.2 Energiemässig abgeschlossen
Ein energiemässig abgeschlossenes System ist eine Anordnung, welche keinen Austausch von Energie mit der Umgebung zulässt.

Hier folgen nun drei Beispiele für energiemässig abgeschlossene Systeme:

Theorem 5.9 Energieerhaltungssatz
In einem energiemässig abgeschlossenen System ist die Summe aller Energien konstant.

$$\sum_k E_k = const. \tag{5.12}$$

1. Ein Körper, der reibungsfrei auf einer ebenen Unterlage, z.B. einem Luftkissen aufliegt.

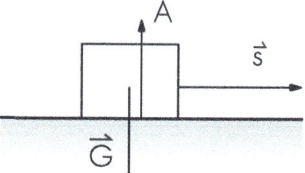

2. Ein Körper, der an einem Seil befestigt ist und im luftleeren Raum horizontal im Kreis geschwungen wird. Die Seilkraft steht stets senkrecht zur Bahn $\longrightarrow$ keine Arbeit.

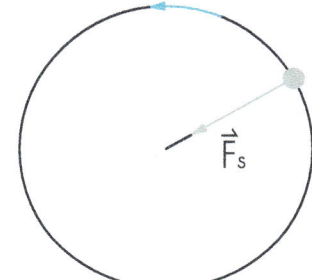

3. Die Erde und ein Körper, der fällt oder um die Erde kreist.

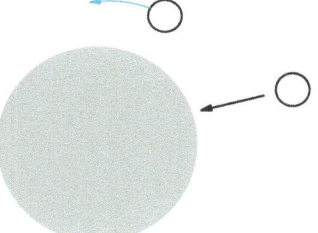

In einem energiemässig nicht abgeschlossenen System kann das System Energie abgeben, indem es Arbeit verrichtet. Oder man führt dem (energiemässig nicht abgeschlossenen) System von aussen Energie zu, indem man an ihm Arbeit verrichtet. In diesem Sinn ist Arbeit eine «Transportgrösse», Energie eine «Speichergrösse»[1].

---

1 Der Energieerhaltungssatz ist (wie alle Erhaltungssätze der Physik) ausserordentlich wichtig und weitreichend. So postulierte z. B. Wolfgang Pauli im Jahr 1930 auf Grund des Energiesatzes die Existenz neuer Teilchen, der sog. Neutrinos. Beim radioaktiven Beta-Minus-Zerfall wurden nämlich Elektronen mit einem kontinuierlichen Energiespektrum beobachtet, was den Energiesatz verletzen würde.

Kapitel 6
Impuls und Drehimpuls

Die Wissenschaft dagegen nötigt uns,
den Glauben an einfache Kausalitäten gerade dort
aufzugeben, wo alles so leicht begreiflich scheint
und wir die Narren des Augenscheins sind.
Die »einfachsten« Dinge sind sehr kompliziert,
– man kann sich nicht genug darüber verwundern!
«Morgenröthe», Friedrich Nietzsche (1844 - 1900)

Bisher haben wir uns mit der **kontinuierlichen** Wirkung von Kräften auf einen **einzelnen** Massenpunkt oder starren Körper beschränkt.

Diese Einschränkung wollen wir aber nun aufgeben und so die **Wechselwirkung** zwischen mehreren Körpern (Stossprozesse) und die **kurze** Einwirkung einer Kraft (Kraftstoss) mit Hilfe neuer Begriffe beschreibbar machen.

6.1 Impuls

Definition 6.1 Impuls
Der Impuls eines Körpers der Masse m mit der Geschwindigkeit v ist definiert als das Produkt aus Masse mal Geschwindigkeit $\vec{p} = m \cdot \vec{v}$

Definition 6.2 Impulsänderung
Die Impulsänderung $\Delta\vec{p}$ ist gegeben durch
$$\Delta\vec{p} = \vec{p}_{nach} - \vec{p}_{vor} = m\,(\vec{v}_{nach} - \vec{v}_{vor}) = m \cdot \Delta\vec{v}$$

Der Geschwindigkeitszuwachs, den ein Körper unter Einwirkung einer Kraft erfährt, hängt neben der Grösse F der Kraft auch von der Zeitdauer Δt ihrer Einwirkung, also vom Produkt $F \cdot \Delta t$ ab. Die durch eine Kraft F im Laufe einer kurzen Zeit Δt bewirkte Impulsänderung heisst Kraftstoss. Daraus ergibt sich die folgende Definition:

S. Rinner, *Physik für Wirtschaftsingenieure*, Schriften zum Wirtschaftsingenieurwesen,
https://doi.org/10.1007/978-3-658-47960-2_6

Definition 6.3 Kraftstoss

Der Kraftstoss einer Kraft F, die eine Zeit Δt auf einen Körper einwirkt, ist gegeben durch

$$F \cdot \Delta t = \Delta p$$

Eine Kraft bewirkt also eine zeitliche Änderung des Impulses: $\vec{F} = \frac{\Delta \vec{p}}{\Delta t}$

6.2 Impulserhaltungssatz

Falls in einem physikalischen System zu jeder Kraft auch eine Gegenkraft vorhanden ist, spricht man von einem **kräftemässig abgeschlossenen** System. In einem solchen gilt ein wichtiger Erhaltungssatz.

Theorem 6.1 Impulserhaltung

In einem kräftemässig abgeschlossenen System ist die Summe aller Impulse zeitlich konstant.

$$\vec{p}_1(t_1) + \vec{p}_2(t_1) + \dots + \vec{p}_n(t_1) = \vec{p}_1'(t_2) + \vec{p}_2'(t_2) + \dots + \vec{p}_n'(t_2)$$

- Die Impulserhaltung gilt nur in kräftemässig abgeschlossenen Systemen.
- In solchen wirken weder von aussen noch nach aussen Kräfte (nur innere Kräfte).
- Innere Kräfte: zu jeder Kraft ist eine Gegenkraft vorhanden (Reaktionsprinzip).
- Der Gesamtimpuls ändert sich nicht durch Aktions-Reaktions-Paare.

Ist ein System kräftemässig abgeschlossen, also existiert zu jeder Kraft ihre gleich grosse, entgegengesetzt gerichtete Gegenkraft, dann gilt ja offenbar (6.8):

$$\sum_{i=1}^{n} \vec{F}_i = \frac{d\vec{p}}{dt} = \vec{0} \tag{6.1}$$

Bemerkung

Um den Impulserhaltungssatz anwenden zu dürfen, muss man die Grenzen des betrachteten Systems so weit fassen, dass es kräftemässig abgeschlossen ist. Ein System besteht aus mehreren Teilen; Kräfte, die nur zwischen den Teilen des Systems wirken, heissen innere Kräfte.

6.3 Stossprozesse

Ein Stoss ist ein Vorgang, bei welchem zwei (oder mehr) Körper während einiger Zeit durch Berührungs- oder Fernkräfte aufeinander einwirken.
Es gibt zwei Arten von Stossprozessen:

- Elastischer Stoss
- Inelastischer Stoss

Elastischer Stoss	Inelastischer Stoss
kinetische Energie bleibt erhalten	Teil der kinetischen Energie wird umgewandelt
Körper trennen sich nach Stoss	Körper bleiben nach Stoss zusammen

Tabelle 6.1   Elastischer vs. inelastischer Stoss

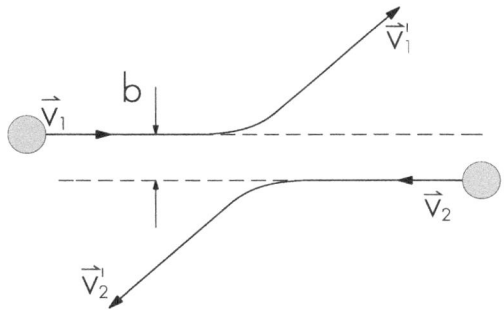

Abbildung 6.1   Elastischer Stoss

6.3.1 Vollkommen inelastischer Stoss

Der vollkommen inelastische Stoss ist durch die folgenden Eigenschaften charakterisiert:

- Die Körper haften nach dem Stoss aneinander.
- Sie haben nach dem Stoss folglich dieselbe Geschwindigkeit.
- Ein Teil der kinetischen Energie vor dem Stoss wird in Deformationsarbeit und Wärme (ΔW) umgewandelt.

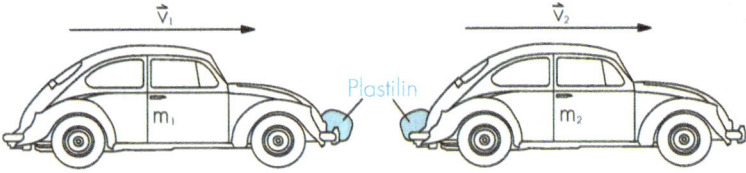

Abbildung 6.2   Inelastischer Stoss vorher

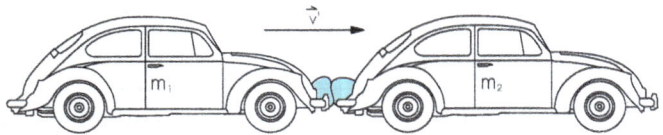

Abbildung 6.3   Inelastischer Stoss nachher

In diesem Fall ergibt sich aus dem Impulserhaltungssatz:

$$\vec{v}' = \frac{m_1\vec{v}_1 + m_2\vec{v}_2}{m_1 + m_2} \tag{6.2}$$

$$\Delta W = \frac{m_1 m_2}{2(m_1 + m_2)} (v_1 - v_2)^2 \quad \text{Deformationsarbeit} \tag{6.3}$$

6.3.2 Zentral elastischer Stoss

Zwei Körper bewegen sich auf der Verbindungslinie ihrer Schwerpunkte. Beim Zusammenstoss wird keine kinetische Energie in andere Formen überführt. Hier liefert der Impulserhaltungssatz:

$$\vec{v}'_1 = \frac{m_1 - m_2}{m_1 + m_2}\vec{v}_1 + \frac{2m_2}{m_1 + m_2}\vec{v}_2 \tag{6.4}$$

$$\vec{v}'_2 = \frac{2m_1}{m_1 + m_2}\vec{v}_1 + \frac{m_2 - m_1}{m_1 + m_2}\vec{v}_2 \tag{6.5}$$

6.3.3 Nicht-zentraler elastischer Stoss für $v_2 = 0$

Für den nicht-zentralen elastischen Stoss sind Energie- und Impulssatz mit $v_2 = 0$ anzuwenden. Nach dem Stoss entfernen sich die Kugeln unter den Winkeln ϑ resp. φ zur Einfallsrichtung der ersten Kugel.

Energiesatz:

$$\frac{1}{2}m_1 v_1^2 = \frac{1}{2}m_1 v_1'^2 + \frac{1}{2}m_2 v_2'^2$$

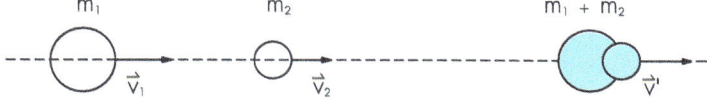

Abbildung 6.4 Der vollkommen inelastische Stoss mit zwei Massen m_1 und m_2

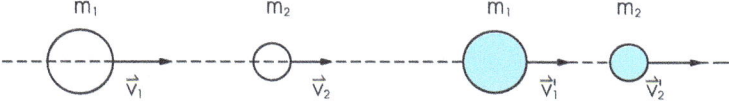

Abbildung 6.5 Der zentrale elastische Stoss

Impulssatz:

$$\vec{p}_1 = \vec{p}_1' + \vec{p}_2'$$

Zerlegung in Vektorkomponenten ergibt:

$$
\begin{aligned}
m_1 v_1 &= m_1 v_1' \cos(\vartheta) + m_2 v_2' \cos(\varphi) & (6.6) \\
m_1 v_1' \sin(\vartheta) &= m_2 v_2' \sin(\varphi) & (6.7)
\end{aligned}
$$

6.4 Systeme mit veränderlicher Masse

Die Gleichung 4.4 ist nicht die allgemeinste Form des Newton'schen Aktionsprinzips, sondern für den Spezialfall gültig, dass sich die Masse nicht ändert. Will man Bewegungen mit veränderlichen Massen beschreiben, benutzt man das Aktionsprinzip in der Form

Theorem 6.2 Allgemeines Newton'sches Aktionsprinzip
Eine Kraft bewirkt eine zeitliche Änderung des Impulses

$$\vec{F} = \frac{d\vec{p}}{dt} \tag{6.8}$$

Dann ergibt sich nämlich aus der Definition des Impulses:

$$\vec{F} = \frac{d\vec{p}}{dt} = \frac{d}{dt}(m\vec{v}) = \frac{dm}{dt}\vec{v} + m\frac{d\vec{v}}{dt}$$

wobei der erste Summand den Beitrag darstellt, der die zeitliche Masseänderung beschreibt.

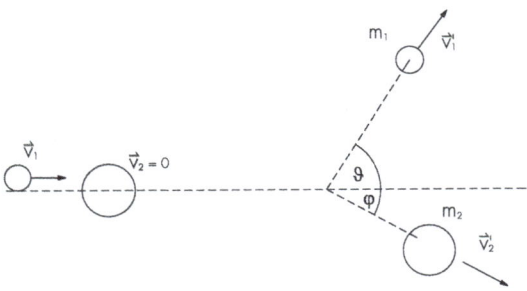

Abbildung 6.6 Der nicht-zentrale elastische Stoss

6.5 Drehimpuls

Bemerkung

Erinnerung: Energie und Impuls sind Grössen, für die wir kein «Auge» haben, die aber nicht zuletzt wegen der entsprechenden Erhaltungssätze sehr wichtig für die Physik sind.

Wir haben bereits an anderer Stelle eine Analogie zwischen Translation und Rotation gefunden: beide Aktionsprinzipien, die diese Bewegungen beschreiben, sind formal analog: $\vec{F} = m\vec{a}$ und $\vec{M} = J\vec{\alpha}$ im andern Fall.

Bei der Rotation hat also offenbar das Drehmoment $\vec{M}$ die Rolle der Kraft $\vec{F}$ übernommen, der Masse m entspricht das Massenträgheitsmoment J und der linearen Beschleunigung $\vec{a}$ entspricht die Winkelbeschleunigung $\vec{\alpha}$.

Nun haben wir aber gerade bei der allgemeinen Form des Aktionsprinzips gesehen, dass im Fall der Translation $\vec{F} = m\vec{a}$ nur stimmt, wenn die Masse konstant ist, und dass es eine allgemeinere Form des Aktionsprinzips mit $\vec{F} = \frac{d\vec{p}}{dt}$ gibt.

Es stellt sich damit ganz natürlich die Frage, ob es solch eine Verallgemeinerung auch für Rotationsbewegungen gibt, und welche physikalische Grösse dort die Rolle des Impulses übernimmt.

Nun wird es nach dem oben Gesagten nicht überraschen, dass in der Gleichung $\vec{p} = m\vec{v}$ die Masse durch das Massenträgheitsmoment zu ersetzen ist; ferner liegt es nahe, die lineare Geschwindigkeit $\vec{v}$ im Falle der Rotation durch die Winkelgeschwindigkeit $\vec{\omega}$ zu ersetzen. Und so hat man eine neue Grösse, die **Drehimpuls** (oder auch «Drall») heisst und für die Rotationsbewegungen die Rolle des Impulses übernimmt.

Allerdings ist wie der Impuls so auch der Drehimpuls eine nicht sehr anschauliche Grösse; dennoch kommt beiden eine grosse Bedeutung in der Physik zu, denn sie gehören zu den wichtigen sogenannten **Erhaltungsgrössen**:

- Auch für den Drehimpuls gilt ein Erhaltungssatz.
- Der Drehimpulserhaltungssatz ist für das Verhalten dynamischer Systeme unverzichtbar.

Definition 6.4 Drehimpuls eines Massenpunktes
Der Drehimpuls $\vec{L}$ eines Massenpunktes m, der sich mit dem Impuls $\vec{p}$ um einen Punkt im Abstand $\vec{r}$ bewegt, ist gegeben durch

$$\vec{L} = \vec{r} \times \vec{p} \tag{6.9}$$

Bemerkung
Das ist eine auf den ersten Blick erstaunliche Definition. Einem Massenpunkt, der sich mit dem (linearen) Impuls p im Abstand r zu einem beliebigen Bezugspunkt vorbei bewegt (z. B. auf einer geraden Bahn) wird ein **Dreh***impuls zugeordnet.*

Definition 6.5 Drehimpuls eines starren Körpers
Der Drehimpuls $\vec{L}$ eines starren Körpers mit Trägheitsmoment J bei einer Rotation mit Winkelgeschwindigkeit $\vec{\omega}$ ist gegeben durch

$$\vec{L} = J\vec{\omega} \tag{6.10}$$

Macht man wieder die bekannten Ersetzungen von Grössen, die eine Translationsbewegung beschreiben, durch solche für Rotationsbewegungen, so findet man leicht durch Vergleich mit Definition 6.3:
Ein Drehmomentstoss bewirkt eine Drehimpulsänderung

Definition 6.6 Drehmomentstoss
Der Drehmomentstoss eines Drehmoments M, das eine Zeit Δt auf einen Körper einwirkt, ist gegeben durch
$\vec{M} \cdot \Delta t = \Delta \vec{L}$

Ein Drehmoment $\vec{M}$ bewirkt also eine zeitliche Änderung des Drehimpulses: $\vec{M} = \frac{\Delta \vec{L}}{\Delta t}$. Dies veranschaulicht Abb. 6.7: die Scheibe dreht sich anfangs mit konstanter Winkelgeschwindigkeit $\vec{\omega}_v$ und besitzt den Drehimpuls $\vec{L}_v$; beide Vektoren zeigen in die gleiche Richtung, nach der Rechte-Hand-Regel bei dieser Drehrichtung also nach oben. Gemäss der Definition von $\vec{L}$ ist der Vektor um den Faktor J gegenüber $\vec{\omega}$ länger.

Nun wirke für eine kurze Zeit Δt am Rand der Scheibe eine Kraft entgegen der Drehrichtung. Das führt zu einem Drehmoment, das die Scheibe etwas abbremst, oder mit anderen Worten zu einem Drehmomentstoss $\vec{M} \cdot \Delta t = \Delta \vec{L}$, der dem Drehimpuls $\vec{L}_v$ entgegengesetzt ist.

Dieser Drehmomentstoss bewirkt eine Drehimpulsänderung (hier eine Verringerung) und führt zu einem neuen Drehimpuls $\vec{L}_n$, der etwas geringer als $\vec{L}_v$ ist, aber immer noch in die gleiche Richtung zeigt.

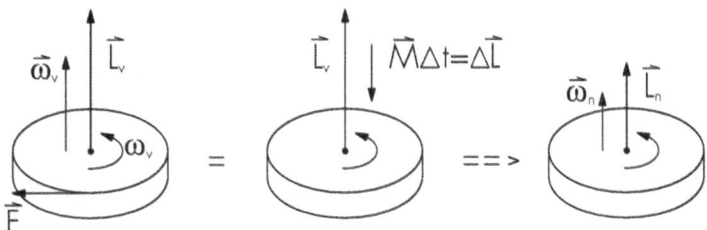

Abbildung 6.7   Drehmoment bewirkt Drehimpulsänderung

Man hat wieder nur die Ersetzungen *Kraft* $\longrightarrow$ *Drehmoment* und *Impuls* $\longrightarrow$ *Drehimpuls* vorzunehmen und erhält leicht:

Theorem 6.3   Allgemeines Aktionsprinzip der Rotation
Ein Drehmoment bewirkt eine zeitliche Änderung des Drehimpulses

$$\vec{M} = \frac{d\vec{L}}{dt} \tag{6.11}$$

In ähnlicher Weise durch Ersetzen ergibt sich die Formel für die in der Rotationsbewegung enthaltene Energie:

Theorem 6.4   Rotationsenergie
Die Rotationsenergie eines Körpers mit Trägheitsmoment J und Winkelgeschwindigkeit ω ist

$$W_{rot} = \frac{1}{2}J\omega^2 \tag{6.12}$$

In einem bezüglich des Drehmoments abgeschlossenen System ändert sich der Gesamtdrehimpuls nicht:

- Ein System ist bezüglich des Drehmoments abgeschlossen, wenn von aussen keine Kräfte wirken, die ein Drehmoment erzeugen.
- Kräfte, die kein Drehmoment erzeugen, sind erlaubt.

Theorem 6.5 Drehimpulserhaltung

In einem drehmomentmässig abgeschlossenen System ist die Summe aller Drehimpulse zeitlich konstant.

$$\vec{L}_1(t_1) + \vec{L}_2(t_1) + \ldots + \vec{L}_n(t_1) = \vec{L}_1'(t_2) + \vec{L}_2'(t_2) + \ldots + \vec{L}_n'(t_2)$$

Tabelle 6.2 Analogien zwischen Translations- und Rotationsgrössen

Translation	Rotation
Masse m	Massenträgheitsmoment J
Beschleunigung $\vec{a}$	Winkelbeschleunigung $\vec{\alpha}$
Kraft $\vec{F}$	Drehmoment $\vec{M}$
$\vec{F} = m \cdot \vec{a}$	$\vec{M} = J \cdot \vec{\alpha}$
Geschwindigkeit $\vec{v}$	Winkelgeschwindigkeit $\vec{\omega}$
Impuls $\vec{p} = m \cdot \vec{v}$	Drehimpuls $\vec{L} = \vec{r} \times \vec{p}$
Aktionsprinzip (allgemein) $\vec{F} = \frac{d\vec{p}}{dt}$	Aktionsprinzip (allgemein) $\vec{M} = \frac{d\vec{L}}{dt}$

Bemerkung

Noch ein wichtiger Hinweis zum Begriff «drehmomentmässig abgeschlossen»: man hat (genauso wie beim Impulserhaltungssatz) bei der Anwendung des Drehimpulserhaltungssatzes darauf zu achten, wo die Systemgrenzen gezogen werden. Dazu denke man sich wieder das System bestehend aus mehreren Teilsystemen. Zwischen den einzelnen Teilsystemen dürfen durchaus Drehmomente wirken, nicht aber auf etwas, das sich ausserhalb der Systemgrenzen befindet. Gegebenenfalls muss man die Systemgrenzen eben erweitern und den neuen Teil mit in die Bilanz einbeziehen. [1]

---

1 Ein Kind, das von aussen auf ein ruhendes Kinderkarussell springt, hat bezüglich des Drehpunkts des Karussells kurz vor der Landung einen Drehimpuls $\vec{L}_1(t_1) = \vec{r} \times \vec{p}$, das ruhende Karussell $\vec{L}_2(t_1) = \vec{0}$. Es ist wichtig, das Kind zusammen mit dem Karussell von Beginn an als System zu betrachten.

Kapitel 7
Kepler'sche Gesetze, Feld und Potential

Basti dire che in lui orgoglio e analisi matematica
si erano a tal punto associati da dargli l'illusione
che gli astri obbedissero ai suoi calcoli
(come di fatto sembravano fare)
Tomasi di Lampedusa (1896–1957)

7.1 Kepler'sche Gesetze

Johannes Kepler (1571–1630) wollte eigentlich ursprünglich protestantischer Geistlicher werden, widmete sich aber dann doch dem Studium der Mathematik und der Gestirne, in deren Bewegung er göttliches Wirken sah. Im Mittelalter herrschte noch der Glaube, körperlose Wesen wären für die Bewegung der Gestirne verantwortlich. Während des Dreissigjährigen Krieges verdiente er sich mit dem Erstellen von Horoskopen für den kaiserlichen General *Wallenstein* ein Einkommen, was zeigt, dass früher Astronomie und Astrologie noch nahe beieinander lagen.

Theorem 7.1 1. Kepler'sches Gesetz
Die Planeten bewegen sich in Ellipsenbahnen um die Sonne, die in einem der zwei Brennpunkte der Ellipse steht.

Abb. 7.1 zeigt verschiedene Positionen (1-4) eines Planeten, der sich um die Sonne bewegt. Hierbei markiert der Punkt 1 die Position der grössten Sonnennähe, auch *Perihel*[1] genannt, die im Dezember erreicht wird. Position 3 heisst *Aphel*[2] und ist der Punkt der grössten Sonnenferne, erreicht im Juni.

1 von griech.: peri- um...herum und helios - Sonne
2 von griech.: apo- von...weg und helios - Sonne

© Der/die Herausgeber bzw. der/die Autor(en), exklusiv lizenziert an Springer Fachmedien Wiesbaden GmbH, ein Teil von Springer Nature 2025
S. Rinner, *Physik für Wirtschaftsingenieure*, Schriften zum Wirtschaftsingenieurwesen,
https://doi.org/10.1007/978-3-658-47960-2_7

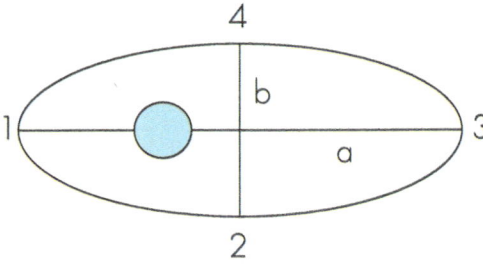

Abbildung 7.1 Ellipsenbahn um die Sonne

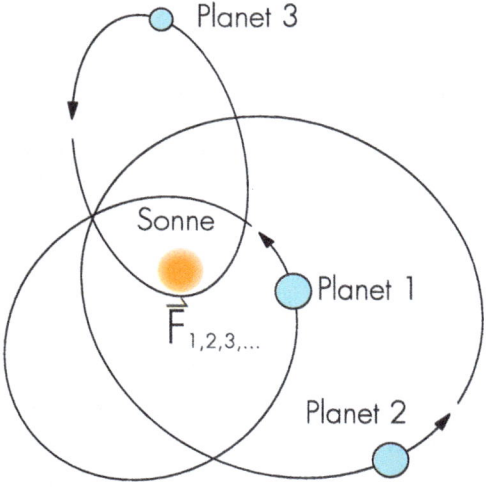

Abbildung 7.2 Veranschaulichung des 1. Kepler'schen Gesetzes

Abb. 7.2 zeigt verschiedene Planeten, die die Sonne in Ellipsen umkreisen; die Sonne ist jeweils in einem Brennpunkt der zugehörigen Ellipsen.

Theorem 7.2 2. Kepler'sches Gesetz
Der Verbindungsvektor $\vec{r}(t)$ Sonne – Planet (auch: «Fahrstrahl») überstreicht in gleichen Zeiten gleiche Flächen.

Das zweite Kepler'sche Gesetz besagt, dass sich die Planeten in Sonnennähe schneller bewegen als in Sonnenferne. Abb. 7.3 zeigt dies anhand von zwei Bewegungen: der Planet benötigt von 1 $\longrightarrow$ 2 die gleiche Zeit wie von 3 $\longrightarrow$ 4. Die überstrichenen Flächen sind grau schattiert. Da der Verbindungsvektor in Sonnennähe kürzer als in Sonnenferne ist, muss der überstrichene Winkel in

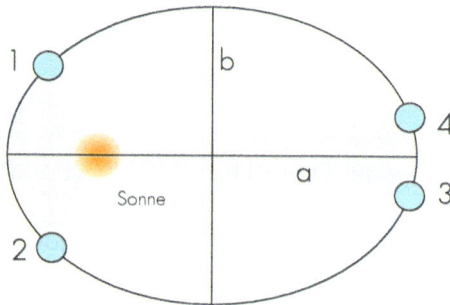

Abbildung 7.3 Veranschaulichung des 2. Kepler'schen Gesetzes

Sonnennähe grösser sein, damit die Flächen gleich gross sein können.

Theorem 7.3 3. Kepler'sches Gesetz
*Für verschiedene Planeten verhalten sich die Quadrate der Umlaufzeiten wie die dritte
Potenz der grossen Halbachsen.*

$$\left(\frac{T^2}{a^3}\right) = const. \tag{7.1}$$

Das dritte Kepler'sche Gesetz macht eine Aussage darüber, wie lange ein Sonnenjahr auf den einzelnen Planeten dauert: je grösser a, umso weiter von der Sonne
entfernt ist der Planet; damit aber das Verhältnis für alle Planeten konstant ist,
muss dann laut diesem Gesetz die Umlaufdauer T für die fernen Planeten auch
grösser sein als für die nahen. Die fernen Planeten benötigen also länger als die
nahen für einen Umlauf um die Sonne, ein Sonnenjahr dauert auf ihnen entsprechend länger.

7.2 Theorie der Kepler-Gesetze

Die drei Gesetze leitete Kepler aus sehr vielen Beobachtungsdaten ab, die er von
seinem Vorgesetzten Tyho Brahe in Prag erhalten hatte. Den theoretischen Beweis lieferte 70 Jahre später Newton mit seinem Gravitationsgesetz.
Der Beweis des ersten Kepler'schen Gesetzes kann mit einer (recht aufwändigen)
Integration des Energieerhaltungssatzes geführt werden. Hier soll der Hinweis
auf die Energieerhaltung genügen.
Der Nachweis des zweiten Kepler'schen Gesetzes gelingt mit der Anwendung
eines weiteren Erhaltungssatzes, nämlich des Drehimpulserhaltungssatzes. Der

Drehimpuls ist ganz allgemein in Systemen mit Zentralkräften (wie die Gravitation ist) eine Erhaltungsgrösse:

$$\vec{L} = \vec{r} \times \vec{p} = \vec{r} \times m \cdot \vec{v} = m \cdot \vec{r} \times \frac{d\vec{r}}{dt} = const. \tag{7.2}$$

Hierbei ist $\frac{d\vec{r}}{dt}$ der Vektor, der die Änderung des Ortsvektors bezeichnet und der tangential zur Bahnkurve steht.

Das Kreuzprodukt $\vec{r} \times \frac{d\vec{r}}{dt}$ entspricht dem Flächeninhalt des durch die beiden Vektoren aufgespannten Parallelogramms, und damit dem Doppelten der in 7.3 gezeigten Dreiecksfläche. Da gemäss 7.2 der Drehimpuls eine konstante Grösse ist, muss auch die Dreiecksfläche in gleichen Zeiten dt gleich gross sein.

Das dritte Gesetz soll unter der vereinfachenden Annahme einer Kreisbahn gezeigt werden: die Kraft, die den Planeten auf seiner Umlaufbahn hält, ist die Gravitationskraft, also sind die Beträge von Gravitations- und Zentripetalkraft gleich:

$$
\begin{aligned}
m\omega^2 r &= G^* \frac{m \cdot M}{r^2} \\
(2\pi f)^2 &= G^* \frac{M}{r^3} \\
4\pi^2 \frac{1}{T^2} &= G^* \frac{M}{r^3} \\
\frac{r^3}{T^2} &= G^* \frac{M}{4\pi^2} = const.
\end{aligned}
$$

Für den Fall von Ellipsenbahnen ist der Radius r durch die grosse Halbachse a zu ersetzen.

7.3 Satellitenbahnen

Die Kepler'schen Gesetze gelten nicht nur für Planeten, die um die Sonne kreisen, sondern auch für Satelliten, die um die Erde kreisen. Ihre Bahn kann kreisförmig oder elliptisch sein. Sie kommt durch die Erdanziehung zustande. Die Erdanziehung realisiert die Zentripetalkraft. Abb. 7.4 zeigt die drei möglichen Bahnen:

1. Der Satellit stürzt auf den Planeten ab.
2. Der Satellit wird abgelenkt (typ. Kometenbahn) („swing-by", gravity assist (GA), Gravitationsmanöver).
3. Der Satellit wird in eine stabile Bahn eingefangen. Die Ellipse kann sich mit der Zeit drehen.

In diesem Zusammenhang spricht man auch von den sog. kosmischen Geschwindigkeiten. Eine Kreisbahn als Sonderfall einer Kepler-Ellipse ergibt sich,

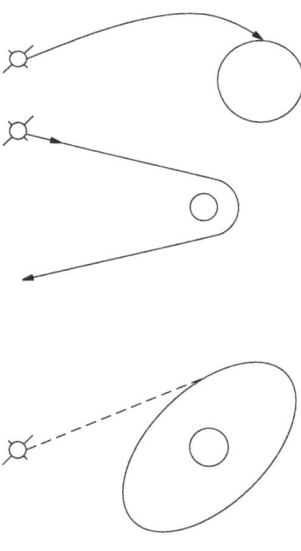

Abbildung 7.4   Verschiedene mögliche Satellitenbahnen

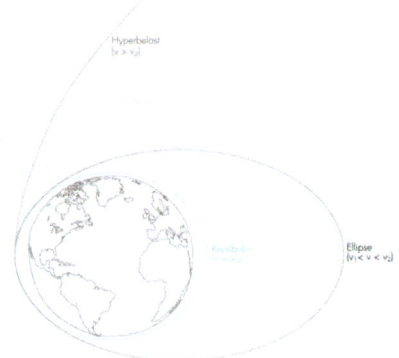

Abbildung 7.5 Veranschaulichung der kosmischen Geschwindigkeiten

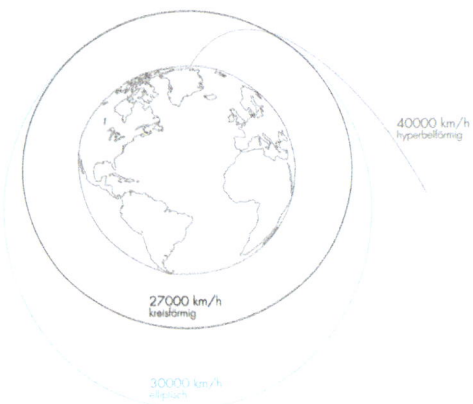

Abbildung 7.6 Veranschaulichung der kosmischen Geschwindigkeiten

wenn die Zentrifugalkraft = Erdanziehungskraft ist. Ein horizontal geworfener Körper kehrt nicht auf den Erdboden zurück.

> **Definition 7.1**   1. Kosmische Geschwindigkeit
> *Die Geschwindigkeit, damit ein horizontal abgeworfener Körper eine Kreisbahn mit Radius R um die Erde beschreibt.*
>
> $$v_1 = \sqrt{g \cdot R} = 7.9 \ km/s \tag{7.3}$$

Bei Geschwindigkeiten $v > v_1$ ist die Umlaufbahn des Körpers um die Erde eine Ellipse. Bei $v < v_1$ fällt der Körper wieder auf die Erde zurück.

Definition 7.2 2. Kosmische Geschwindigkeit
*Die Mindestgeschwindigkeit, die ein Körper haben muss, um sich ohne weiteren An-
trieb unendlich weit von der Erde entfernen zu können.*

$$v_2 = \sqrt{2 \cdot g \cdot R} = 11.2 \ km/s \tag{7.4}$$

Die Abb. 7.5 und 7.6 veranschaulichen die kosmischen Geschwindigkeiten. Für
$v = v_2$ ergibt sich eine parabelförmige Flugbahn. Für Geschwindigkeiten $v > v_2$
entschwindet der Körper auf einer hyperbelförmigen Bahn in den Weltraum.

7.4 Gravitationsfeld

In der Physik ist der Begriff des «Feldes» ein zentraler Begriff zur Erklärung
von Wechselwirkungen (Gravitation, elektromagnetische Wechselwirkung, starke und schwache Wechselwirkung). In Newtons Form ist die Gravitation eine
Fernwirkung. Die Fernwirkung steht im Widerspruch zu Experimenten und zur
Speziellen Relativitätstheorie (SRT). Durch die Einführung des Feldbegriffs wird
die Kraft auf einen Körper vielmehr erklärt durch eine Veränderung des gesamten Raumes. Die Fernwirkung wird so ersetzt durch die Nahwirkung, die ein
Körper im Feld eines zweiten erfährt. Man unterscheidet zwei Arten von Feldern:

1. Skalares Feld
2. Vektorfeld

7.4.1 Das Kraftfeld der Gravitation

Das Gravitationsfeld ist ein vektorielles Feld. Es gibt Richtung und Stärke der
Gravitationskraft auf eine Probemasse $m_{pr.}$ an dieser Stelle an. Wenn $\vec{e}_r$ den Einheitsvektor in radialer Richtung bezeichnet, gilt:

Definition 7.3 Gravitationsfeld
Das Gravitationsfeld, das von der Masse M erzeugt wird, ist:

$$\vec{G}(\vec{r}) = -G^* \cdot \frac{M \cdot m_{pr.}}{r^2} \cdot \vec{e}_r \tag{7.5}$$

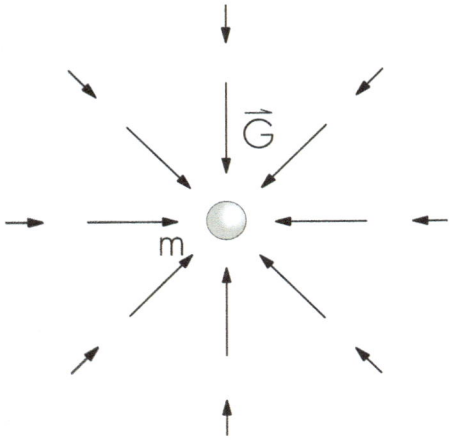

Abbildung 7.7 Gravitationsfeld einer Masse

Das Gravitationskraftfeld einer einzelnen Masse M ist kugelsymmetrisch. Darüberhinaus ist das Feld der Gravitation ein konservatives (d. h. energiebewahrendes) Kraftfeld[3]. Das heisst: die Arbeit, die bei der Verschiebung einer Probemasse zwischen zwei Punkten verrichtet wird, ist unabhängig vom gewählten Verschiebungsweg.

7.4.2 Potentielle Energie im Gravitationsfeld

Um eine Masse m im Gravitationsfeld einer Masse M von der Entfernung r_1 auf die Entfernung r_2 zu bringen (s. Abb. 7.8), muss gegen die anziehende Gravitationskraft von M die Arbeit W_{12} geleistet werden: diese Arbeit ist dieselbe für alle anderen Punkte, die sich in derselben Entfernung wie 2 befinden, z. B. 2'.

Definition 7.4 Arbeit im Gravitationsfeld
Die Arbeit, um einen Körper der Masse m im Gravitationsfeld eines zweiten Körpers der Masse M von Punkt 1 zu Punkt 2 zu bewegen, ist gegeben durch

$$W_{12} = -G^* \cdot M \cdot m \cdot \left(\frac{1}{r_1} - \frac{1}{r_2} \right) \tag{7.6}$$

---

3 Hinweis: das hängt zusammen mit der Möglichkeit, ein Potential für dieses Vektorfeld zu definieren.

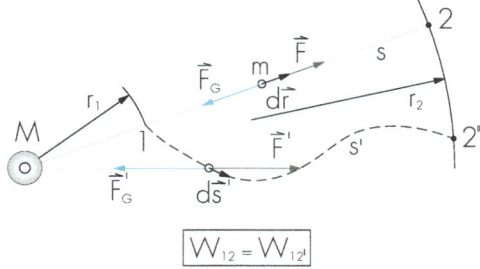

Abbildung 7.8 Arbeit im Gravitationsfeld auf verschiedenen Wegen

Bemerkung
Grosser Vorteil von konservativen Kraftfeldern: man kann sich zur Berechnung der Arbeit den einfachsten Weg aussuchen, nämlich den, welcher radial verläuft, dann zeigt die Kraft immer in Richtung des Weges und aus dem Skalarprodukt wird ein einfaches Produkt.

Definition 7.5 Potentielle Energie im Gravitationsfeld
Die potentielle Energie eines Körpers der Masse m im Gravitationsfeld eines zweiten Körpers der Masse M ist gegeben durch

$$E_{pot}(r) = -G^* \cdot \frac{M \cdot m}{r} \qquad (7.7)$$

7.4.3 Gravitationspotential

Die potentielle Energie hängt noch von der jeweiligen „Probemasse" m ab. Daher sucht man eine Grösse, die nur noch von der Masse M abhängt, die das Gravitationsfeld erzeugt. Das ist das sogenannte «Potential».

Definition 7.6 Gravitationspotential
Das Gravitationspotential der Masse M ist gegeben durch

$$\varphi(r) = -G^* \cdot \frac{M}{r} \qquad (7.8)$$

Wichtige Eigenschaften des Gravitationspotentials:

-   $\varphi(r)$ ist ein skalares Feld (jedem Raumpunkt wird eine Zahl zugeordnet).

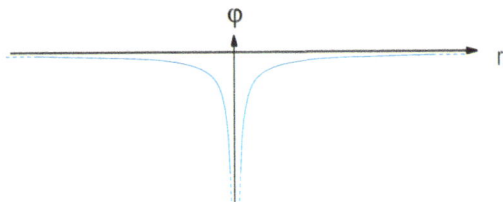

Abbildung 7.9 Potential einer Masse M

- Sind mehrere Massen M_1, M_2, vorhanden, ist das Gesamtpotential die Summe der einzelnen: $\varphi(r) = \varphi_1(r) + \varphi_2(r) + \dots + \varphi_n(r)$.
- Die Arbeit, um einen Körper der Masse m im Gravitationspotential einer Masse M von einem Punkt r_1 zu einem anderen Punkt r_2 zu bringen, ist:

$$W(r_1 \rightarrow r_2) = W_{pot}(r_2) - W_{pot}(r_1) = m \cdot (\varphi(r_2) - \varphi(r_1)) = m \cdot \Delta\varphi \quad (7.9)$$

In der Elektrostatik wird uns das Konzept des «Potentials» wieder begegnen und formal analoge Gleichungen liefern, wobei nur die Masse durch die elektrische Ladung zu ersetzen sein wird. Der Potentialunterschied $\Delta\varphi$ aus Gleichung 7.9 wird dort dann «elektrische Spannung» genannt werden.

7.4.4 Äquipotentiallinien/-flächen

Definition 7.7 Äquipotentiallinien/-flächen
Äquipotentiallinien/-flächen sind Linien/Flächen gleichen Potentials.

Äquipotentiallinien (im Zweidimensionalen) oder Äquipotentialflächen (im Dreidimensionalen) sind die geometrischen Orte, an denen das Potential den gleichen Wert hat. Man kennt Äquipotentiallinien von Landkarten, wo sie als Höhenlinien die Punkte gleicher Höhe verbinden. Wer entlang solch einer Höhenlinie wandert, bleibt immer auf derselben Höhe.

Kapitel 8
Fluidstatik

*Sie lassen sich nicht festhalten,
und doch soll man von ihnen reden;
man sucht daher alle Arten von Formeln auf,
um ihnen wenigstens gleichnisweise beizukommen.*
J. W. von Goethe (1749-1832)

8.1 Begriffsklärung

Fluide Oberbegriff für Flüssigkeiten und Gase.

Fluidstatik Ziel ist das Verstehen der elementaren Eigenschaften ruhender Fluide:

- Druck in Fluiden
- Auftrieb in Fluiden
- Verhalten von Fluiden an Grenzflächen, z. B. Flüssigkeit/Gas oder Flüssigkeit/Festkörper

Typische Anwendungen der Erkenntnisse aus der Fluidstatik sind z.B.:

- Die Funktionsweise hydraulischer Pressen
- Das Schwimmverhalten fester Körper in Flüssigkeiten
- Das Benetzungsverhalten von Oberflächen

Fluiddynamik Beschreibung und Vorausberechnung der Bewegung der Fluide. Wir beschränken uns hier auf die Behandlung inkompressibler Fluide (Hydrodynamik). Die Strömungslehre kompressibler Fluide (Gasdynamik) kann erst nach der Thermodynamik behandelt werden[1].

---

1 Thermodynamik und Gasdynamik sind nicht Inhalt dieses Physikkurses

S. Rinner, *Physik für Wirtschaftsingenieure*, Schriften zum Wirtschaftsingenieurwesen,
https://doi.org/10.1007/978-3-658-47960-2_8

Typische Beispiele, die die Bedeutung der Strömungslehre für das Ingenieurwesen verdeutlichen, sind:

- Vorausberechnung der Antriebsleistung für Fahrzeuge mit erheblichem Strömungswiderstand (Auto, Schiff, Flugzeug, etc.)
- Vorausberechnung von Pumpen- und Kompressorleistungen für in Rohrleitungen transportierte Fluide im Maschinenbau und in der Verfahrenstechnik
- Bereitstellung der Grundlagen für den Entwurf von Strömungsmaschinen (Pumpen, Ventilatoren, Kompressoren, Dampf-, Gas- und Wasserturbinen)

Definition 8.1 Massendichte ρ

Das Verhältnis der Masse m einer Substanz zu dem Volumen V, das diese Masse einnimmt, heisst (mittlere) Dichte:

$$\rho = \frac{m}{V} \tag{8.1}$$

Definition 8.2 Druck p

Wirkt eine Kraft F auf eine Fläche A, so kann die Kraft in eine zur Fläche senkrechte $F_\perp$ und parallele Komponente $F_\parallel$ zerlegt werden. Die zur Fläche senkrechte Komponente pro Fläche heisst Druck p:

$$p = \frac{F_\perp}{A}; \quad [p] = \frac{N}{m^2} = Pa \tag{8.2}$$

Ausserdem ist «bar» eine gesetzliche Einheit für den Druck: 1 bar$= 10^5 \frac{N}{m^2}$.

8.2 Das Gesetz von Pascal

Theorem 8.1 Gesetz von Pascal

In einem Fluid ist der Druck an einer bestimmten Stelle in jede Raumrichtung gleich gross[2]: $p_x = p_y = p_z$. Das hat zur Folge, dass sich der Druck in alle Richtungen gleichmässig ausbreitet.

---

2 falls von Effekten der Schwerkraft abgesehen wird, z. B. vernachlässigbarer Schweredruck bei leichten Gasen

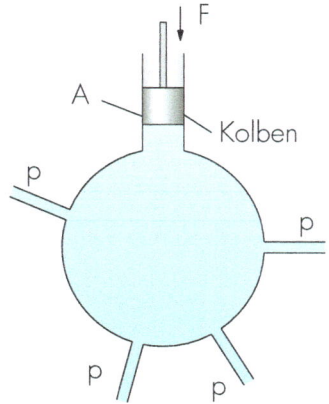

Abbildung 8.1 Gesetz von Pascal: Druckgleichheit an verschiedenen Orten in einem Fluid

In Abb. 8.1 ist zur Veranschaulichung des *Pascal'schen Gesetzes* gezeigt, wie an verschiedenen Stellen in einer Flüssigkeit überall derselbe Druck herrscht.

Eine empirische Feststellung bezüglich kompressibler Fluide ist: eine Druckerhöhung führt in einem kompressiblen Fluid zu relativer Volumenabnahme:

Um dieses Verhalten auch quantitativ fassen zu können, führt man neue Kenngrössen ein:

Definition 8.3 Kompressibilität κ

$$\kappa = -\frac{1}{V}\frac{\Delta V}{\Delta p} \tag{8.3}$$

oder der Kompressionsmodul:

Definition 8.4 Kompressionsmodul K

$$K = \frac{1}{\kappa} \tag{8.4}$$

Mit dem Kompressionsmodul beschreibt dann die Formel

$$\Delta p = -K \cdot \frac{\Delta V}{V} \tag{8.5}$$

quantitativ die Volumenabnahme (dann ist ΔV negativ) bei einer Zunahme des Drucks (dann ist Δp positiv).

8.3 Ideale Gase

Ideale Gase sind im Unterschied zu Flüssigkeiten komprimierbar/kompressibel. Wird bei Kompression/Dekompression die Temperatur konstant gehalten (Wärmeabfuhr/Wärmezufuhr), nennt man diesen Prozess isotherm.

8.3.1 Gesetz von Boyle-Mariotte

Theorem 8.2   Gesetz von Boyle-Mariotte
Für ein ideales Gas gilt bei isothermer (De-)Kompression:
$p \cdot V = const.$

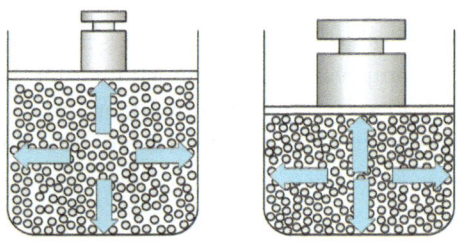

Abbildung 8.2   Gesetz von Boyle-Mariotte

Die Abb. 8.2 veranschaulicht das Gesetz von Boyle-Mariotte. Es zeigt links eine relativ kleine Masse (kleiner Druck) auf der beweglichen Deckfläche eines Kolbens. Das darin befindliche Gas nimmt noch ein relativ grosses Volumen ein. Das ändert sich, wenn man die Deckfläche mit einer grösseren Masse beschwert: das Volumen wird komprimiert (wird kleiner) und der Druck steigt.
Das Gesetz kann auch in der Form $p_1 \cdot V_1 = p_2 \cdot V_2$ formuliert werden, was sich dann geometrisch in Abb. 8.3 als Gleichheit zweier Rechtecksflächen unterhalb des Graphs $p(V)$ interpretieren lässt.

8.3.2 Barometrische Höhenformel

Macht man die Näherung einer isothermen Atmosphäre, d. h. dass über sehr grosse Höhenänderungen in der Atmosphäre sich die Temperatur nicht ändert (was real natürlich nicht stimmt), so erhält man eine Formel zur Berechnung des Drucks in Abhängigkeit von der Höhe:

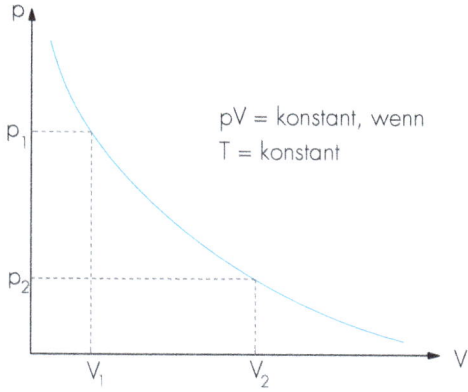

Abbildung 8.3   Gesetz von Boyle-Mariotte

Theorem 8.3   Barometrische Höhenformel
Ist ρ_0 die Dichte und p_0 der Druck auf Meereshöhe, so gilt für den Druck in der Höhe h:
$$p(h) = p_0 \cdot e^{-\frac{\rho_0}{p_0} g h}$$

8.3.3 Gesetz von Dalton

Auf Meereshöhe beträgt der Luftdruck etwa 1 bar, was durch das Gewicht der Luftsäule bis zur Höhe der Stratosphäre zustandekommt.
Die Luft setzt sich aus mehreren Komponenten zusammen (s. Tab. 8.1): jede Komponente verursacht einen sog. Partialdruck (Teil-Druck)

Tabelle 8.1   Zusammensetzung der Luft

Komponente	Volumenanteil	Molenbruch	Partialdruck
Stickstoff	78 %	0.78	0.78 bar
Sauerstoff	21 %	0.21	0.21 bar
Argon	0.9 %	0.009	0.009 bar = 9 mbar
CO_2	0.04 %	0.0004	0.0004 bar = 400 μbar
andere Komponenten (Methan, CO, Wasserstoff, Edelgase etc.)	0.06 %	0.0006	0.0006 bar = 600 μbar

Theorem 8.4   Gesetz von Dalton
Der Gesamtdruck in einer Mischung von verschiedenen Gasen ist die Summe der Partialdrücke der Einzelkomponenten.

8.4 Ideale Flüssigkeiten

Im Folgenden wird nun auf ideale Flüssigkeiten eingegangen.

8.4.1 Eigenschaften idealer Flüssigkeiten

- Es sind ausschliesslich Druckspannungen möglich.
- Schubspannungen sind nicht möglich, weil in idealen Flüssigkeiten die Moleküle frei gegeneinander verschiebbar sind.
- Sie sind vollkommen inkompressibel, $K = \infty$, d.h. ihr Volumen lässt sich durch Druck nicht verringern oder anders gesagt, ihre Dichte ist unabhängig vom Druck.

8.4.2 Druckausbreitung in einer Flüssigkeit

- Von der Schwerkraft wird abgesehen.
- Ein Kolben übt auf eine eingeschlossene Flüssigkeit auf einer Fläche A die Druckkraft F aus.
- Überall in der Flüssigkeit (im Innern wie am Rand) herrscht derselbe Kolbendruck:

$$p = \frac{F_\perp}{A}$$

- Die Druckkraft, die die Flüssigkeit auf ein Flächenelement ausübt, ist immer senkrecht zu diesem.

8.4.3 Hydraulische Presse

Die Eigenschaft, dass überall in einer Flüssigkeit derselbe Druck herrscht, macht man sich bei der hydraulischen Presse technisch zu Nutze. Dort erzielt man mit kleinen Drücken grosse Kräfte: in der Flüssigkeit herrscht der Druck

$$p = \frac{F_{ein}}{A_1}$$

Dadurch entsteht auf der Seite des grösseren Kolbens die Kraft

$$F_{aus} = p \cdot A_2 = \frac{F_{ein}}{A_1} \cdot A_2 = \frac{A_2}{A_1} \cdot F_{ein}$$

8.4.4 Schweredruck

Ist die Flüssigkeit der Schwerkraft unterworfen, so kommt der Druck an einem Punkt in einer gewissen Tiefe nicht allein vom Kolben, oder wenn das Gefäss offen ist, allein vom Luftdruck, sondern auch vom Gewicht der darüber liegenden Flüssigkeitsschichten der Dichte $\rho_{Fl.}$. Abb. 8.4 veranschaulicht den Schweredruck: man betrachte eine Flüssigkeitssäule mit Querschnitt A (weisses Rechteck). Da sich die Flüssigkeit in Ruhe befindet muss gelten:

$$\vec{F}_1 + \vec{G} + \vec{F}_2 = 0$$

oder betragsmässig:

$$F_2 = F_1 + G \tag{8.6}$$

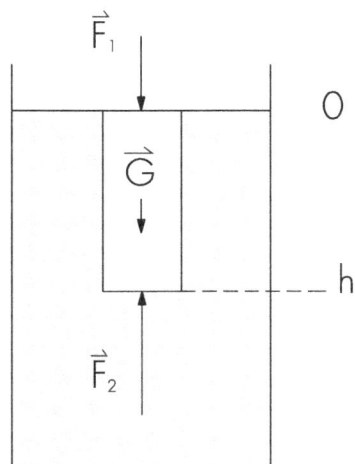

Abbildung 8.4 Zur Definition des Schweredrucks

Bezeichnet man mit p_0 den Druck an der Oberseite und mit p_h den Druck in einer Tiefe h, so gilt für die drei Kräfte:

$$F_1 = p_o \cdot A \tag{8.7}$$
$$G = m \cdot g = \rho_{Fl.} \cdot A \cdot h \cdot g \tag{8.8}$$
$$F_2 = p_h \cdot A \tag{8.9}$$

Damit wird aus (8.6):

$$p_h = p_0 + \rho_{Fl.} \cdot h \cdot g \tag{8.10}$$

Theorem 8.5 Schweredruck
Der Schweredruck in einer Flüssigkeit in einer bestimmten Tiefe h ist: $p_S = \rho_{Fl.} \cdot h \cdot g$

Aus dem Schweredruck ergibt sich, dass in einer Tiefe h in einer Flüssigkeit eine Kraft auf einen Körper einwirkt. Gemäss Definition des Drucks (senkrechte Kraftkomponente pro Fläche) folgt, dass diese Kraft auf den Körper immer senkrecht auf seiner Oberfläche steht - egal, wie der Körper in der Flüssigkeit orientiert ist. Das zeigt Abb. 8.5.

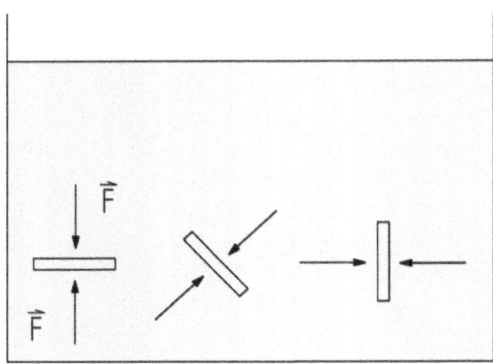

Abbildung 8.5 Druckkraft des Schweredrucks

8.4.5 Hydrostatisches Paradoxon

Wie eben gesehen hängt der Druck in einer Flüssigkeit allein von der Tiefe ab, in der man sich befindet. Das hat auf den ersten Blick überraschende Konsequenzen:

Theorem 8.6 Hydrostatisches Paradoxon
Der Druck an einem gewissen Punkt in der Flüssigkeit hängt nur von seiner Tiefe, nicht aber von der Form des Gefässes ab.

So ist die Kraft auf die Bodenfläche A in der Abb. 8.6 für alle Gefässe gleich gross, weil die Fläche und die Höhe der Wassersäule gleich gross sind.

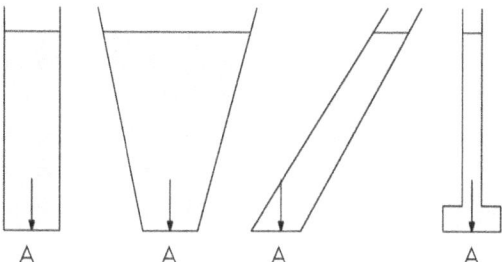

Abbildung 8.6 Zur Veranschaulichung des hydrostatischen Paradoxons

8.4.6 Kommunizierende Röhren

Verbindet man zwei Röhren miteinander (z. B. zu einem U-Rohr, s. Abb. 8.7) und füllt sie mit Flüssigkeit, dann lässt sich Folgendes feststellen: die Drücke p_1 und p_2 an der Verbindungsstelle der Gefässe sind gleich gross. Sonst wäre nämlich die Kraft von links auf die Fläche A nicht gleich gross wie die Kraft von rechts. Dann würde sich die Flüssigkeitssäule aufgrund dieser Differenz aber so lange verschieben, bis p_1 gleich p_2 wäre. Aus $p_1 = p_2$ folgt bei gleicher Flüssigkeitsdichte im linken und rechten Schenkel: $h_1 = h_2$.

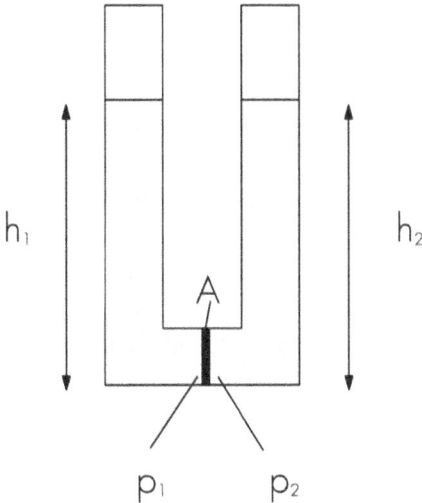

Abbildung 8.7 Kommunizierende Röhren

Theorem 8.7   Kommunizierende Röhren
Verbindet man zwei oder mehrere Röhren miteinander und füllt sie mit Flüssigkeit derselben Dichte, so ist die Flüssigkeitssäule in allen Röhren gleich hoch.

8.4.7 Auftrieb und Archimedisches Prinzip

Befindet sich ein Körper in einer Flüssigkeit der Dichte $\rho_{Fl.}$ wie in Abb. 8.8 zu sehen, so erfährt er von allen Seiten Druckkräfte.

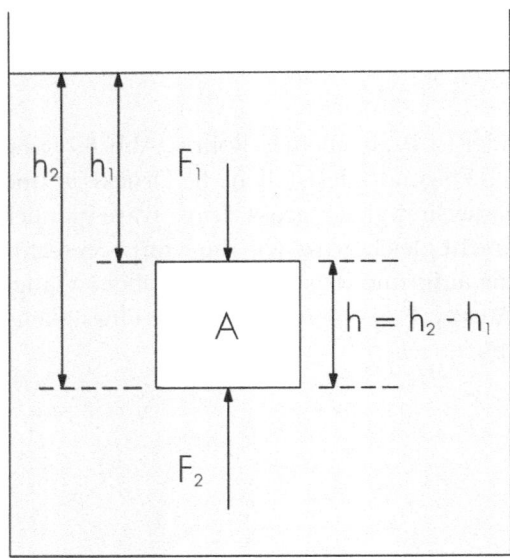

Abbildung 8.8   Kräfte auf einen regelmässig geformten Körper in einer Flüssigkeit

Bemerkung
Die Druckkräfte auf den Körper sind abhängig von der Tiefe und stehen immer senkrecht zur Oberfläche des Körpers.

Betrachten wir einmal den Zylinder in Abb. 8.8. Die Kräfte, die auf die Seitenwände des Zylinders wirken, sind auf jeder Seite gleich gross und entgegengesetzt gerichtet und heben sich folglich auf. Es bleibt einmal noch die Kraft F_1, die von der Flüssigkeitssäule über dem Zylinder herrührt. Andererseits wirkt auf die Unterseite ebenfalls eine Kraft F_2 (Kräfte in Flüssigkeiten wirken immer senkrecht zur Angriffsfläche also hier nach oben gerichtet!).

$$F_1 = \rho_{Fl.} \cdot g \cdot h_1 \cdot A \qquad\qquad (8.11)$$
$$F_2 = \rho_{Fl.} \cdot g \cdot h_2 \cdot A \qquad\qquad (8.12)$$

Für die Differenz gilt folglich

$$F_2 - F_1 = \rho_{Fl.} \cdot g \cdot (h_2 - h_1) \cdot A = \rho_{Fl.} \cdot g \cdot h \cdot A = \rho_{Fl.} \cdot g \cdot V_K \qquad (8.13)$$

Das ist die Auftriebskraft für einen Körper mit dem Volumen V_K in einer Flüssigkeit mit der Dichte $\rho_{Fl.}$.

Theorem 8.8 Auftriebskraft
Die Auftriebskraft für einen Körper mit dem Volumen V_K in einer Flüssigkeit mit der Dichte $\rho_{Fl.}$ ist gegeben durch

$$F_A = \rho_{Fl.} \cdot g \cdot V_K \qquad\qquad (8.14)$$

8.4.7.1 Archimedisches Prinzip

Die Auftriebskraft wurde eben anhand von Abb. 8.8 am speziellen Beispiel des Zylinders, also eines regelmässig geformten Körpers, abgeleitet. Gilt es denn aber allgemein? Dazu betrachte man einen unregelmässig geformten Körper wie in Abb. 8.9 a). Wir fragen nach der auf ihn wirkenden Auftriebskraft F_A. Auf ihn wirken die gesuchte Auftriebskraft F_A sowie die Gewichtskraft $m \cdot g$.

Um der Antwort etwas näher zu kommen, macht man einen kleinen Trick. Man

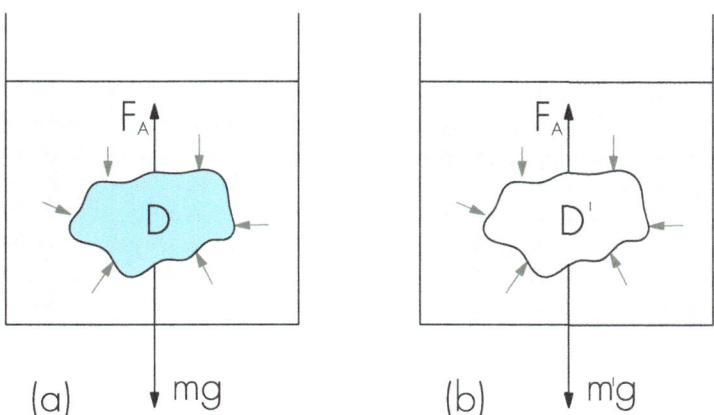

Abbildung 8.9 Kräfte auf einen beliebig geformten Körper in einer Flüssigkeit

denke sich nämlich jetzt den Körper aus derselben umgebenden Flüssigkeit bestehend (andere Dichte und daher andere Masse), aber mit derselben Form wie in Abb. 8.9 b) zu sehen: es wirken auf diesen die gesuchte Auftriebskraft F_A sowie die Gewichtskraft $m' \cdot g$.

Jetzt muss aber Kräftegleichgewicht herrschen (die Flüssigkeit ist ja überall in Ruhe):

$$\sum_i \vec{F}_i = 0 \tag{8.15}$$

$$\vec{F}_A + \vec{F}'_G = 0 \tag{8.16}$$

$$F_A = m' \cdot g = \rho_{Fl.} \cdot V_K \cdot g \tag{8.17}$$

Theorem 8.9   Archimedisches Prinzip
Der Betrag des Auftriebs ist gleich dem Gewicht der durch den Körper verdrängten Flüssigkeit

$$F_A = \rho_{Fl.} \cdot g \cdot V_K \tag{8.18}$$

Die Gleichung 8.18 ist natürlich identisch mit der aus 8.14, wurde aber für beliebig geformte Körper abgeleitet.

Bemerkung
Für den König Hieron II. von Syrakus wurde eine Krone aus Gold in Form eines Lorbeerkranzes gefertigt. Der König ist misstrauisch und vermutet, dass auch billigere Materialien wie Silber dazu verwendet wurden.
Er beauftragt Archimedes (287 – 212 v. Chr.) damit, das herauszufinden, ohne die Krone zu zerstören.
Ist die Dichte des Goldklumpens genauso gross wie die Dichte der unregelmässig geformten Krone?

Der rettende Einfall kam Archimedes angeblich beim Bad als er in die volle Wanne stieg und diese überlief. Nackt wie er war lief er durch die Strassen von Syrakus und rief «Heureka!» (ich hab's gefunden).

8.4.7.2 Schwimmende Körper

Das Prinzip des Auftriebs kann auch für das Schwimmen von Körpern in Flüssigkeiten verwendet werden. Schwimmt nämlich ein Körper in einer Flüssigkeit, so herrscht Gleichgewicht zwischen Auftrieb und Gewichtskraft:

$$\vec{F}_A + \vec{F}_G = 0 \tag{8.19}$$

$$F_G = m \cdot g = \rho_{Fl.} \cdot V_K \cdot g = F_A \tag{8.20}$$

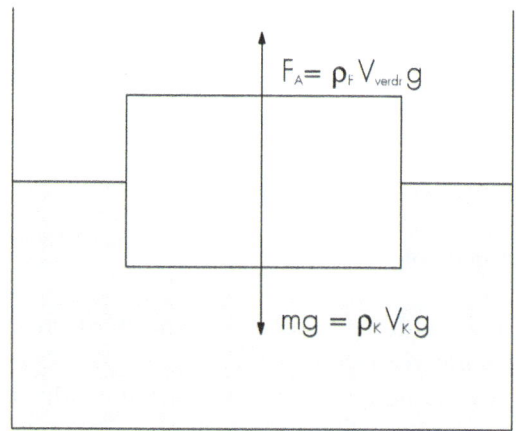

Abbildung 8.10 Schwimmen eines Körpers in einer Flüssigkeit

Allerdings ist nun nicht der komplette Körper mit seinem Volumen V_K in der Flüssigkeit, sondern nur ein Teil mit dem Volumen V_t. Der Körper verdrängt also auch nur das Volumen V_t an Flüssigkeit. Anwenden des Archimedischen Prinzips ergibt für das eingetauchte Volumen V_t:

$$F_A = m' \cdot g = \rho_{Fl.} \cdot V_K \cdot g \tag{8.21}$$

$$\rho_{Fl.} \cdot V_t \cdot g = \rho_K \cdot V_K \cdot g \tag{8.22}$$

$$V_t = \frac{\rho_K}{\rho_{Fl.}} \cdot V_K \tag{8.23}$$

8.5 Reale Flüssigkeiten

In realen Flüssigkeiten kommen einige neue interessante Phänomene zum Vorschein, auf die im Folgenden eingegangen werden soll. Dazu zunächst wieder einige begriffliche Klärungen.

Definition 8.5 Kohäsionskraft
Anziehungskraft zwischen einem Molekül und seinen Nachbarn in derselben Substanz.

Definition 8.6 Adhäsionskraft
Wechselwirkung von Molekülen an der Grenzfläche zu einer anderen *Substanz.*

8.5.1 Oberflächenspannung

Betrachtet man die Abb. 8.11, so lässt sich Folgendes feststellen:

– Atome/Moleküle an Grenzflächen zu anderen Substanzen sind der Kohäsionskraft ihrer eigenen Spezies nach innen ausgesetzt.
– Atome/Moleküle an Grenzflächen zu anderen Substanzen sind der Adhäsionskraft nach aussen zu Molekülen der benachbarten Substanz ausgesetzt.
– Im Innern hat die Kohäsionskraft keine Vorzugsrichtung.
– An der Oberfläche «fehlen» Partner $\implies$ resultierende Kraft zeigt nach innen.
– Um Moleküle aus dem Innern an die Oberfläche zu bringen, muss Arbeit geleistet werden.
– Das Verhältnis von geleisteter Arbeit zu neu geschaffener Oberfläche führt zum Phänomen der «Oberflächenspannung».

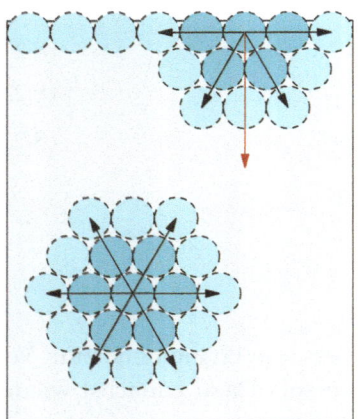

Abbildung 8.11 Kohäsions- und Adhäsionskräfte im Innern und an Grenzfläche einer Flüssigkeit

Die Oberflächenspannung von Wasser dient z. B. dem Wasserläufer dazu, auf der Wasseroberfläche entlang zu laufen, ohne unterzugehen.

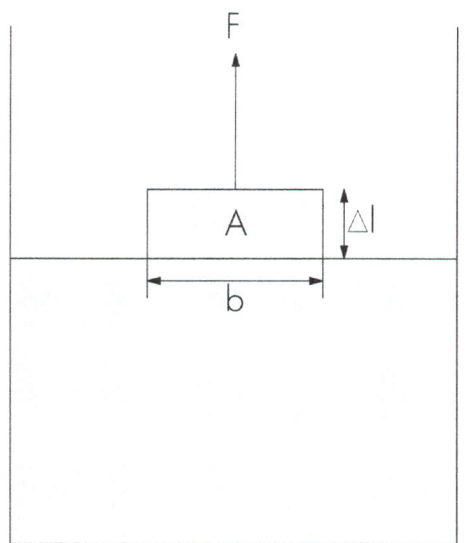

Abbildung 8.12 Vergrösserung der Wasseroberfläche durch einen Bügel

---

Definition 8.7 Oberflächenspannung σ

Das Verhältnis von aufzuwendender Arbeit ΔW, um eine gewisse Oberflächenver-
grösserung ΔA zu erreichen, heisst «Oberflächenspannung» σ.

$$\sigma = \frac{\Delta W}{\Delta A}; \quad [\sigma] = \frac{J}{m^2} \tag{8.24}$$

Wir wollen das an einem kleinen Beispiel demonstrieren.

Beispiel 8.1

Zieht man mit einem Bügel der Breite b einen Flüssigkeitsfilm mit der Kraft F um die
Strecke Δl aus der Oberfläche, muss dafür die Arbeit

$$\Delta W = F \cdot \Delta l \tag{8.25}$$

geleistet werden. Die Oberfläche der Flüssigkeit ist damit um $\Delta A = 2A = 2 \cdot b \cdot$
Δl (Vorder- und Rückseite) vergrössert worden, wie in Abb. 8.12 zu sehen ist. Nach
Definition ist die Oberflächenspannung:

$$\sigma = \frac{\Delta W}{\Delta A} = \frac{F \cdot \Delta l}{2 \cdot b \cdot \Delta l} = \frac{F}{2 \cdot b} \tag{8.26}$$

8.5.2 Kapillarität

Reale Flüssigkeiten zeigen auch an Grenzflächen zu anderen Materialien interessante Eigenschaften (s. Abb. 8.13).
Experimentell stellt man Folgendes fest:

- Für Wasser ist die Adhäsionskraft zu Glas grösser als die Kohäsionskraft der Wassermoleküle.
- Für Quecksilber ist die Adhäsionskraft zu Glas kleiner als die Kohäsionskraft der Quecksilbermoleküle.
- Die Quecksilberoberfläche wird nach unten, die Wasseroberfläche nach oben gezogen.

Theorem 8.10 Kapillare Erhöhung
Bei benetzenden Flüssigkeiten steigt die Flüssigkeit im Inneren von dünnen Röhren (Kapillaren) gegenüber dem umgebenden Flüssigkeitsspiegel nach oben.

Theorem 8.11 Kapillare Depression
Bei nicht-benetzenden Flüssigkeiten wird die Flüssigkeit am Rand von dünnen Röhren (Kapillaren) gegenüber dem dazwischenliegenden Flüssigkeitsspiegel nach unten gedrückt.

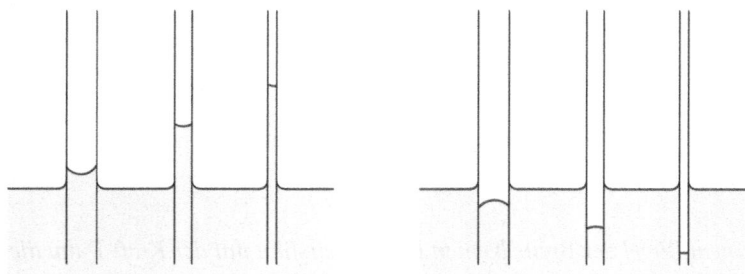

Abbildung 8.13 links: benetzend; rechts: nicht-benetzend

In Abb. 8.13 ist dieses unterschiedliche Verhalten zwischen benetzenden und nicht-benetzenden Flüssigkeiten noch einmal graphisch veranschaulicht.

Kapitel 9
Fluiddynamik

Alles ist im Fluss.
Heraklit

9.1 Strömung idealer Flüssigkeiten

Um das Strömungsverhalten von (idealen) Flüssigkeiten oder Gasen zu beschreiben, verwendet man den Begriff des Volumenstroms oder der Stromstärke: dieser gibt an, wieviel Volumen in einer bestimmten Zeit transportiert wird, und hängt natürlich von der Strömungsgeschwindigkeit ab.

> **Definition 9.1** Volumenstrom, Stromstärke $\dot{V}$
> *Bei konstanter Strömungsgeschwindigkeit ist der Volumenstrom (Stromstärke) definiert durch*
>
> $$\dot{V} = \frac{V}{t} \tag{9.1}$$

Ideale Flüssigkeiten sind durch folgende Eigenschaften gekennzeichnet:

1. In idealen Flüssigkeiten treten keine Schubkräfte auf. Diese Annahme bedeutet, dass die Flüssigkeiten keine Reibung aufweisen. Benachbarte Flüssigkeitsschichten gleiten reibungsfrei aneinander vorbei.
2. Die ideale Flüssigkeitsschicht ist inkompressibel:

   – Kompressionsmodul $K = \infty$ bzw. Kompressibilität $\kappa = 0$
   – V ist unabhängig vom Druck, d. h. $\rho = \frac{m}{V}$ = const.

Annahme 2. führt zum Kontinuitätsgesetz

S. Rinner, *Physik für Wirtschaftsingenieure*, Schriften zum Wirtschaftsingenieurwesen, https://doi.org/10.1007/978-3-658-47960-2_9

9.2 Kontinuitätsgesetz

Um dieses wichtige Gesetz herzuleiten, betrachte man folgende Situation:

Durch ein sich verjüngendes Rohr fliesse eine ideale Flüssigkeit der Dichte ρ. ρ ist wegen der Inkompressibilität im ganzen Rohr konstant.
Am Ort 1, an dem der Rohrquerschnitt A_1 ist, fliesst die Flüssigkeit mit der Geschwindigkeit v_1.
In der Zeit dt fliesst durch die Kontrollfläche A_1 das Volumen $dV_1 = A_1 \cdot x_1 = A_1 \cdot v_1 \cdot dt$, resp. die Masse $m_1 = \rho \cdot A_1 \cdot v_1 \cdot dt$. Die am Ort 2 während des gleichen Zeitintervalls dt durchfliessende Flüssigkeitsmasse $m_2 = \rho \cdot A_2 \cdot v_2 \cdot dt$ muss gleich gross sein wie die am Ort 1 (inkompressibel!).

$$
\begin{aligned}
m_1 &= m_2 \\
\rho \cdot A_1 \cdot v_1 \cdot dt &= \rho \cdot A_2 \cdot v_2 \cdot dt \\
A_1 \cdot v_1 &= A_2 \cdot v_2 \\
\dot{V}_1 &= \dot{V}_2
\end{aligned}
$$

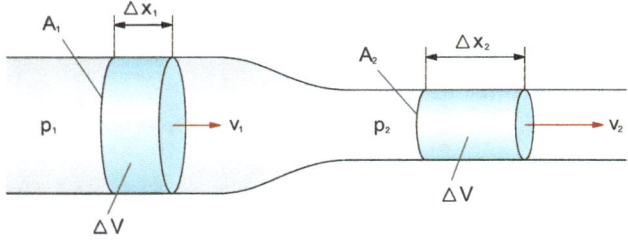

Abbildung 9.1 Zur Ableitung des Kontinuitätsgesetzes

Theorem 9.1 Kontinuitätsgesetz
An jeder Stelle im Rohr fliesst das gleiche Flüssigkeitsvolumen pro Zeiteinheit $\dot{V}$ durch den Querschnitt.

Das hat zur Folge, dass die Strömungsgeschwindigkeit an Engstellen höher ist als an Stellen mit grösserem Durchmesser.[1]

---

1 Beobachten Sie mal den Wasserstrahl aus dem Wasserhahn, wenn Sie nicht zu stark aufdrehen. Was fällt Ihnen auf?

9.3 Stationäre Strömung

> **Definition 9.2** Stationäre Strömung
> *Eine Strömung heisst stationär, wenn die Geschwindigkeit in den einzelnen Raumpunkten sich zeitlich nicht ändert.*

Im stationären Strömungszustand beschreibt jedes Flüssigkeitselement dieselbe Bahn wie das vorangehende. Markiert man zum Beispiel mit Tinte die durch ein kleines Flächenelement durchtretende Flüssigkeit, so entsteht ein schlauchartiges Gebilde, ein sogenannter Stromfaden (s. Abb. 9.2). Im stationären Fall mischen sich die Stromfäden nicht.

Abbildung 9.2 Stromfäden beim Umströmen eines Hindernisses

9.3.0.1 Strömungsfeld und Stromlinien

- Die Strömungsgeschwindigkeit ist innerhalb eines Fluids an verschiedenen Orten i. allg. verschieden.
- Ordnet man jedem Punkt innerhalb der Strömung nach Betrag und Richtung den zugehörigen Geschwindigkeitsvektor zu, entsteht das Strömungsfeld der Strömung (s. Abb. 9.4).
- Linien, die diese Vektoren (tangential) berühren, heissen Stromlinien.
- Je dichter die Stromlinien, umso höher ist dort die Geschwindigkeit.
- Bleibt das Stromlinienbild zeitlich unverändert, ist die Strömung stationär.

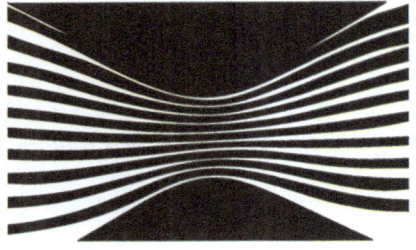

Abbildung 9.3 Stromlinien einer Strömung

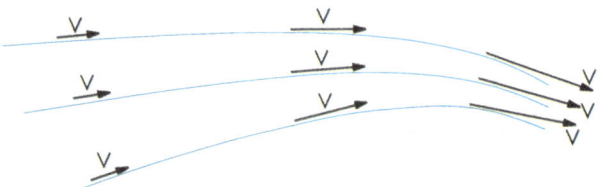

Abbildung 9.4 Strömungsfeld, Stromlinien und Geschwindigkeitsvektorfeld

9.3.1 Bernoulli-Gleichung

Zur Beschreibung des Verhaltens idealer Flüssigkeiten in Strömungen gibt es eine fundamentale Gleichung, die eigentlich nichts anderes als den Energieerhaltungssatz auf Flüssigkeiten angewendet darstellt.

Theorem 9.2 Bernoulli-Gleichung
In einem Rohr (ganz genau: entlang eines Stromfadens), in welchem eine ideale Flüssigkeit fliesst und für welches das Kontinuitätsgesetz gilt (das Rohr darf also keine Stromverzweigungen aufweisen), ist die Summe aus statischem Druck, dynamischem Druck und Schweredruck konstant.

$$p + \frac{1}{2}\rho v^2 + \rho \cdot g \cdot h = const. \tag{9.2}$$

$$
\begin{array}{rcl}
p & : & \text{statischer Druck} \\
\frac{1}{2}\rho v^2 & : & \text{dynamischer Druck} \\
\rho \cdot g \cdot h & : & \text{Schweredruck}
\end{array}
$$

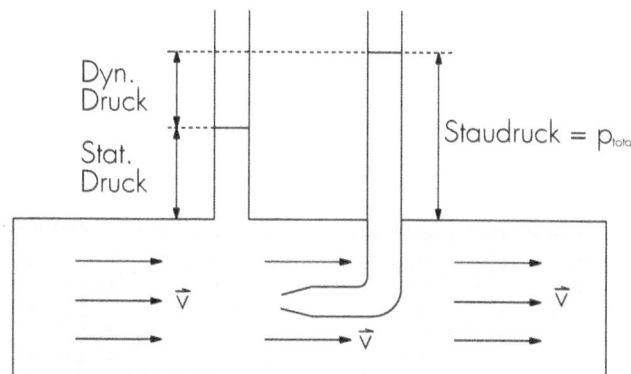

Abbildung 9.5 Die verschiedenen Druckarten in einer strömenden Flüssigkeit.

Bemerkung

Man beachte, dass in Abb. 9.5 im ganzen eingetauchten Rohr und insbesondere am Ein-
gang des eingetauchten Rohres die Geschwindigkeit $v = 0$ vorherrscht, während an allen
anderen Punkten in der Strömung $v \neq 0$ ist.

Bemerkung

Schwierigkeiten bereitet am Anfang manchmal der Begriff des statischen Drucks. Dar-
unter kann man sich den Druck vorstellen, der durch die Kraft auf einen Kolben erzeugt
wird, welcher auf die Flüssigkeit in einem Rohr drückt (z. B. der Druck in einer stehenden
Wasserleitung).

Die verschiedenen Formen des Drucks in der Bernoulli-Gleichung ähneln
schon rein formal den verschiedenen Arten von Energie: so entspricht der dynamische Druck der kinetischen Energie, der Schweredruck der potentiellen Energie und der statische Druck der von der Druckkraft geleisteten Arbeit.

Bemerkung

Wie die potentielle Energie ist auch der Schweredruck auf ein bel. wählbares Nullniveau
bezogen, so dass physikalisch von Bedeutung nur Differenzen des Schweredruckes zwi-
schen verschiedenen Punkten im Stromfaden sind. Diese hängen nicht von der Wahl des
Nullniveaus ab.

Nach dieser Bemerkung dürfte die folgende Aussage ohne Weiteres einleuch-
ten:

Theorem 9.3   Bernoulli-Gleichung
In einem (horizontal) strömenden Fluid verhalten sich Geschwindigkeit und Druck umgekehrt zueinander.

$$p + \frac{1}{2}\rho v^2 = const. \tag{9.3}$$

Die Bernoulli-Gleichung ermöglicht in vielen Fällen die Beschreibung des Strömungsverhaltens eines Fluids (Gas, Flüssigkeit). Im Folgenden sollen dafür einige Beispiele angeführt werden.

9.3.1.1 Ausfliessen einer Flüssigkeit

Betrachtet man die Abb. 9.6 zum Ausfluss einer Flüssigkeit aus einem oben offenen Gefäss, so kann man folgendes feststellen: wenn der Querschnitt A_2 der Ausflussöffnung sehr viel kleiner als der Querschnitt A_1 der Flüssigkeitsoberfläche ist, dann bewegt sich die Flüssigkeitssäule fast nicht und man kann in guter Näherung in der Bernoulligleichung den dynamischen Druck an der Oberfläche Null setzen. Ausserdem ist der statische Druck (Luftdruck) in guter Näherung oben und am Ausflussort gleich, da in beiden Fällen freie Oberflächen gegen Luft vorliegen. Insgesamt wird also

$$
\begin{aligned}
\rho \cdot g \cdot h_1 &= \rho \cdot g \cdot h_2 + \frac{1}{2}\rho v^2 \\
\frac{1}{2}\rho v^2 &= \rho \cdot g \cdot (h_1 - h_2) \\
v &= \sqrt{2g(h_1 - h_2)} = \sqrt{2g\Delta h}
\end{aligned}
$$

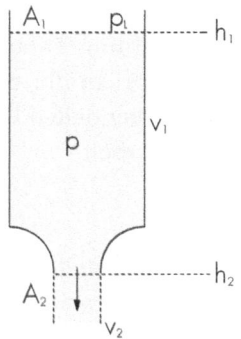

Abbildung 9.6   Ausfluss aus einem offenen Gefäss

Die Flüssigkeit strömt also mit einer Geschwindigkeit aus, die einem freien Fall über die Fallhöhe Δh entspricht.

9.3.1.2 Das Venturi-Rohr

Strömt ein Fluid durch ein Rohr mit unterschiedlichem Querschnitt an verschiedenen Orten (Venturi-Rohr), so muss wegen des **Kontinuitätsgesetzes** in gleicher Zeit an beiden Stellen dasselbe Fluidvolumen hindurchfliessen. Da aber der eine Querschnitt kleiner als der andere ist, muss das Fluid durch den kleinen Querschnitt schneller fliessen als durch den grossen. Das bedeutet aber wegen

$$p + \frac{1}{2}\rho v^2 = const.$$

dass damit der statische Druck p an der engen Stelle kleiner sein muss (s. Abb. 9.7).

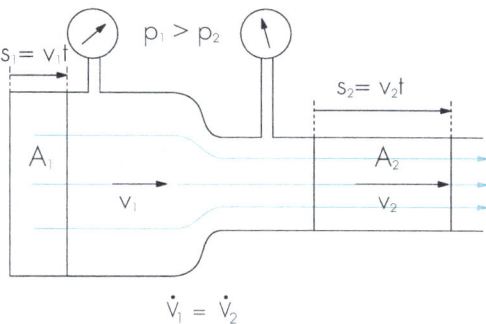

Abbildung 9.7 Druckabfall an Engstellen

9.3.1.3 Hydrodynamisches Paradoxon

Unter dem Begriff werden einige Phänomene zusammengefasst, die man intuitiv so nicht erwarten würde.

Wasserstrahlpumpe Ein Wasserstrahl tritt durch eine Düse aus. Wegen der Geschwindigkeitszunahme im Bereich 2 gegenüber dem Bereich 1 sinkt der statische Druck p_2 gegenüber p_1 beträchtlich. Bei hinreichender Geschwindigkeit kann im Raum 2 ein Unterdruck entstehen, so dass Luft in den Strahl gezogen wird (Abb. 9.8).

Anziehen gegen den Strom Ein Strahl strömt gegen eine Platte und wird umgelenkt. Wenn der Zwischenraum klein ist, nimmt die Geschwindigkeit dort grosse Werte an; entsprechend sinkt der statische Druck. Er kann kleiner werden als der Luftdruck auf der Unterseite der Platte. In der Folge wird die Platte gegen den Strahl gepresst (Abb. 9.9).

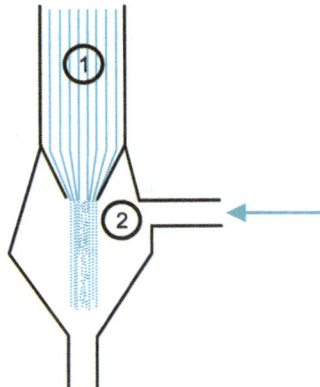

Abbildung 9.8 Funktionsweise einer Wasserstrahlpumpe

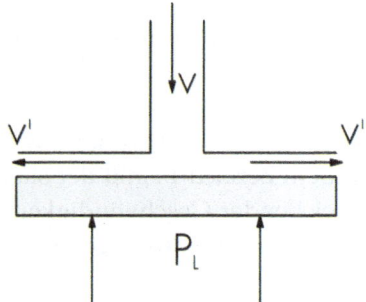

Abbildung 9.9 Platte wird durch Strom von unten nach oben gezogen

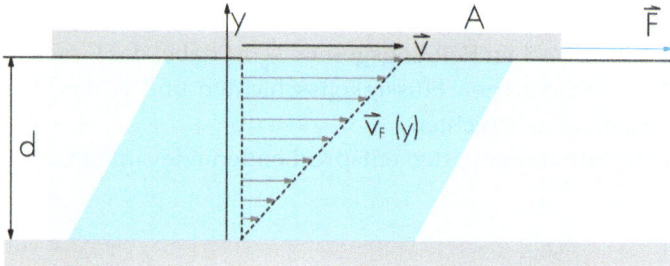

Abbildung 9.10 Viskosität

9.4 Strömung realer Flüssigkeiten

Unter realen Flüssigkeiten versteht man solche, die zwar immer noch als in-kompressibel angenommen werden sollen, aber bei denen jetzt Reibung zwi-schen Flüssigkeitsschichten auftreten kann. Verursacht wird diese **innere Rei-bung** durch Kräfte zwischen den Flüssigkeitsmolekülen. Innere Reibung ist der Grund für die **Viskosität** einer Flüssigkeit.

Betrachtet man eine Platte auf einer Flüssigkeitsschicht wie in Abb. 9.10, so findet man experimentell für die zum Verschieben nach rechts notwendige Kraft:

$$F \propto A \cdot \frac{v}{d}$$

wobei A die Auflagefläche der Platte, d die Dicke der Flüssigkeitsschicht und v die Geschwindigkeit der Platte ist.

Die Proportionalitätskonstante heisst **Viskosität**.

Definition 9.3 Viskosität
Die Viskosität η einer Flüssigkeit ist definiert durch

$$\eta := \frac{F}{A \cdot \frac{dv}{dy}} \quad [\eta] = Pa \cdot s \tag{9.4}$$

Theorem 9.4 Newton'sches Reibungsgesetz

$$F = \eta \cdot A \cdot \frac{dv}{dy} \tag{9.5}$$

Das Gesetz besagt folgendes: gleiten Flüssigkeitsschichten (in einer laminaren Strömung) aneinander vorbei, so entsteht zwischen den Flüssigkeitsschichten auf Grund der Viskosität innere Reibung. Diese Reibungskraft ist betragsmässig gleich dem F aus dem Newton'schen Reibungsgesetz. $\frac{dv}{dy}$ ist dabei das Geschwindigkeitsgefälle zwischen benachbarten Flüssigkeitsschichten und A die Fläche der aneinander vorbeigleitenden Schichten.

In Abb. 9.10 sehen Sie die Situation mit den entsprechenden relevanten Grössen dargestellt.

9.4.1 Laminare Strömung

Abb. 9.11 zeigt eine laminare Strömung, die durch folgende Eigenschaften gekennzeichnet ist:

- Unterhalb einer kritischen Geschwindigkeit v_{kr} tritt die laminare (schleichende) Strömung auf.
- Benachbarte Stromfäden bleiben anliegend, die Grenzschicht haftet an einem laminar umströmten Körper.
- Der Strömungswiderstand kommt durch die viskose Reibung der aneinander vorbei gleitenden Flüssigkeitsschichten zustande (innere Reibung).

Abbildung 9.11   Laminare Strömung

9.4.2 Turbulente Strömung

Abb. 9.12 zeigt eine turbulente Strömung, die durch folgende Eigenschaften gekennzeichnet ist:

- Benachbarte Stromfäden lösen sich voneinander ab.
- Es tritt eine Mischbewegung und Wirbelbewegung ein.
- Der Strömungswiderstand eines Körpers ist durch die Trägheitskräfte (Beschleunigungskräfte) dominiert, die die Flüssigkeit zur Seite räumen müssen.

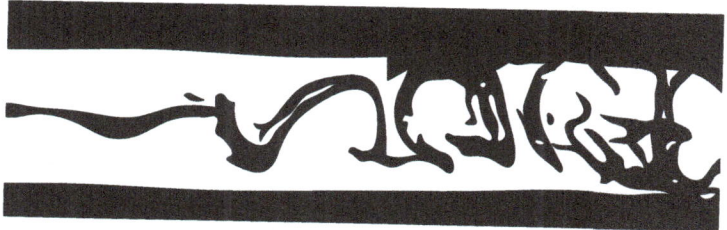

Abbildung 9.12   Turbulente Strömung

9.4.3 Reynolds-Zahl

Es gibt eine Kennzahl, die bei gegebener Geometrie (z. B. Rohrströmung) und gegebenem Fluid angibt, ob die Strömung laminar oder turbulent ist, die **Reynolds-Zahl**.

Definition 9.4   Reynolds-Zahl

$$Re = \frac{\rho \cdot v \cdot d}{\eta} \tag{9.6}$$

Hierbei steht ρ für die Massendichte, v für die Strömungsgeschwindigkeit, η für die Viskosität. Das erklärt sich fast ohne Weiteres. Nur die Grösse d in dieser Formel bedarf etwas mehr Erläuterung: sie heisst *charakteristische Länge*. Für die Strömung durch ein Rohr ist d z. B. gleich dem Rohrdurchmesser. Für die Umströmung eines Hindernisses ist d z. B. seine Breite senkrecht zur Strömungsrichtung. Im Falle einer Kugel wäre das der Kugeldurchmesser. Bei der *kritischen Reynolds-Zahl* kommt es zum Übergang von der laminaren zur turbulenten Strömung.[2]

Die Kenntnis der Reynolds-Zahl erlaubt es auch, bei Strömungsversuchen an verkleinerten Modellen die Geschwindigkeit der Strömung entsprechend zu erhöhen, und so die realen Verhältnisse richtig abzubilden.

Theorem 9.5   Reynold'sches Ähnlichkeitsgesetz
Gegenstände unterschiedlicher Grösse mit gleicher Reynolds-Zahl haben in erster Näherung dieselben Strömungseigenschaften.

Daher kann man Modelle im Windkanal oder Wasserkanal testen, wenn man v im selben Mass erhöht wie d verkleinert wurde.

---

2 Die kritische Reynolds-Zahl liegt bei Rohrströmungen bei Re > 2300. Damit lässt sich dann aus der Definitionsgleichung der Reynolds-Zahl die Geschwindigkeit bestimmen, bei der Turbulenzen einsetzen.

9.4.4 Strömungswiderstand

Bei realen Fluiden unterscheidet man wie gesehen zwischen zwischen zwei Formen von Strömungen. Dementsprechend kennt man auch zwei Formen des Strömungswiderstands.

Reibungswiderstand

> **Definition 9.5** Reibungswiderstand
> *Der Widerstand aufgrund laminarer Strömung heisst Reibungswiderstand.*

Dieser Strömungswiderstand tritt bei **laminarer Strömung** auf. Für den Betrag findet man experimentell, dass er sowohl proportional zur Geschwindigkeit als auch zur Viskosität ist:

Theorem 9.6 Reibungswiderstand
Die Reibungskraft in einer laminaren Strömung (Reibungswiderstand) ist proportional zu Geschwindigkeit v und Viskosität η:

$$F_R = const. \cdot \eta \cdot v \tag{9.7}$$

Ein Beispiel:

- Eine Kugel wird von einer laminaren Strömung umflossen.
- Die am Körper anliegende Flüssigkeitsschicht, die so genannte Grenzschicht, haftet am Körper, hat also die Geschwindigkeit $v = 0$.
- In den darüber liegenden Flüssigkeitsschichten steigt die Geschwindigkeit sukzessive auf den Wert v der ungestörten Strömung an.
- Wegen der Reibung ist das Fluid hinter dem Hindernis langsamer.

Theorem 9.7 Stokes'sche Reibkraft
Für ein kugelförmiges Hindernis gilt:

$$F_{St} = 6\pi \cdot r \cdot \eta \cdot v \tag{9.8}$$

Die Kenntnis dieses Zusammenhangs erlaubt die Messung der Viskosität mit relativ einfachen Mitteln auf folgende Weise:
Man lässt eine Kugel in einem Fluid unbekannter Viskosität in einem Gefäss nach unten sinken. Man wartet bis die Kugel mit konstanter Geschwindigkeit v sinkt.

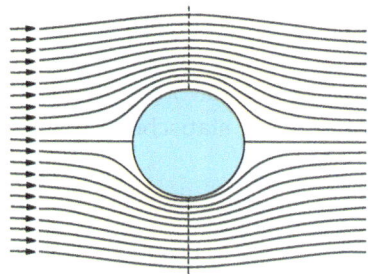

Abbildung 9.13 Reibungswiderstand

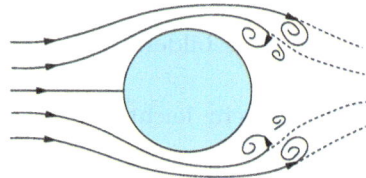

Abbildung 9.14 Druckwiderstand

Dann herrscht Kräftegleichgewicht zwischen Gewichtskraft und Stokes'scher Reibkraft:

$$mg = 6\pi\eta r v$$

oder

$$\eta = \frac{mg}{6\pi r v}$$

Und damit kann man aus der Sinkgeschwindigkeit (oder -zeit) auf die Viskosität schliessen. Solche Messvorrichtungen nennt man aus naheliegendem Grund *Kugelfall-Viskosimeter*.

Druckwiderstand

Definition 9.6 Druckwiderstand
Der Widerstand aufgrund turbulenter Strömung heisst Druckwiderstand.

9.4.4.1 Wirbelbildung

Über die Verhältnisse beim Druckwiderstand in einer turbulenten Strömung klärt die Abb. 9.14 auf.

- Die Kugel wird von einer turbulenten Strömung von links nach rechts umflossen.
- Im vorderen Staupunkt (linke Seite Mitte) und im hinteren Staupunkt (rechts Mitte) gilt: Geschwindigkeit $v = 0$, damit ist dort der statische Druck maximal.
- Die Flüssigkeit wird vom vorderen Staupunkt bis zum obersten Punkt beschleunigt (v nimmt zu, statischer Druck fällt).
- Die Flüssigkeit wird zwischen dem obersten Punkt und dem hinteren Staupunkt gebremst .
- Der Geschwindigkeitsverlust durch Reibung ist so gross, dass der hintere Staupunkt nicht erreicht wird.
- Es bilden sich Wirbel, die sich periodisch ablösen.
- Es kann sich die sogenannte *Kármán*'sche Wirbelstrasse[3] bilden.

Man kann sich die Formel für den Druckwiderstand sehr leicht durch eine Energie-Überlegung plausibel machen:
Bewegt man einen Körper durch ein Fluid, so wird auf das Fluid Energie übertragen: ein fahrendes Auto z. B. «schiebt» mit einer Kraft F die Luft vor sich her. Auf einer Weglänge s erhält das Fluid damit eine Energie $W = F \cdot s$. Diese liegt in Form von kinetischer Energie des Fluids vor:

$$E_{kin} = \frac{1}{2} m_L \cdot v_L^2$$
$$E_{kin} = \frac{1}{2} \rho_L \cdot V \cdot v_L^2$$
$$E_{kin} = \frac{1}{2} \rho_L \cdot A \cdot s \cdot v_L^2$$

wobei A die Querschnittsfläche des bewegten Fluids ist. Ferner muss die Geschwindigkeit des Fluids nicht identisch mit der des bewegten Körpers sein (es kommt ja evtl. zu Wirbelbildungen), daher setzt man

$$v_L^2 = c_W \cdot v^2$$

Von der Energie kommt man leicht auf die oben genannte Kraft F:

$$F \cdot s = c_W \cdot \frac{1}{2} \rho \cdot A \cdot v^2 \cdot s$$

Daraus ergibt sich für den Druckwiderstand in turbulenten Strömungen.

---

3 Eine Aufeinanderfolge von (meist) gegenläufigen Wirbeln hinter einem turbulent umströmten Hindernis. Lässt sich gut an Brückenpfeilern u. ä. in Flüssen beobachten oder man fährt schnell mit dem Finger durch das Wasser in der Badewanne

Theorem 9.8   Druckwiderstand

Mit dem Widerstandsbeiwert c_W ist die Strömungswiderstandskraft

$$F_W = c_W \cdot \frac{1}{2}\rho \cdot v^2 \cdot A \tag{9.9}$$

9.4.5 Dynamischer Auftrieb

9.4.5.1 Magnus-Effekt

Besonders lehrreich hat sich die Untersuchung der Strömungen um Zylinder herum herausgestellt[4]. Betrachtet man die Abb. 9.15, 9.16 und 9.17, lässt sich Folgendes feststellen:

— Um einen ruhenden Zylinder herum ist die Strömung bezüglich oben und unten symmetrisch (s. Abb. 9.15).
— Um einen rotierenden Zylinder in einer ruhenden Flüssigkeit stellt sich eine rotationssymmetrische Strömung, eine Zirkulationsströmung, ein (s. Abb. 9.16).
— Wegen der Reibung wird die Flüssigkeit in der Nähe des Zylinders ebenfalls in Rotation versetzt.
— Das Strömungsbild eines rotierenden Zylinders in einem fliessenden Medium (s. Abb. 9.17) erhält man als Überlagerung der beiden Abb. 9.15 und Abb. 9.16.

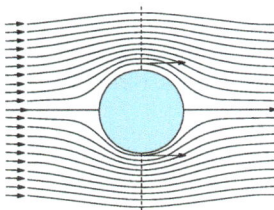

Abbildung 9.15   Ruhender Zylinder in Strömung

9.4.5.2 Auftrieb an Tragflächen

— Eine Zirkulationsströmung stellt sich bei geeigneter Form von selbst ein, ohne dass der Körper zu rotieren braucht.

4   vgl. z.B. M.M. Zdravkovich: Flow around circular cylinders, Vol. 1: Fundamentals, 1. Auflage. Oxford University Press, 1997, ISBN 0-19-856396-5

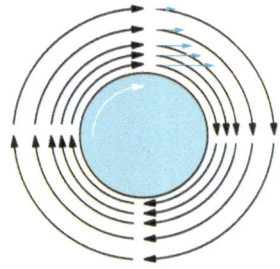

Abbildung 9.16   Rotierender Zylinder in ruhendem Medium

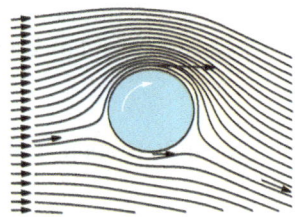

Abbildung 9.17   Rotierender Zylinder in Strömung

– Ein Beispiel ist der Tragflügel, um den sich das Strömungsbild (Abb. 9.18 c)) einstellt
– Dieses Bild kommt durch Überlagerung der normalen Strömung (Translatorische Umströmung, (Abb. 9.18 a)), wie sie sich bei ganz kleinen Geschwindigkeiten einstellt, und einer Zirkulationsströmung (Abb. 9.18 b)) um den Flügel zustande.
– Aus c) ersichtlich: Die Geschwindigkeit oberhalb des Profils ist grösser als unterhalb ⇒ dynam. Druck oben grösser ⇒ statischer Druck oben kleiner (Bernoulli) ⇒ Auftrieb.

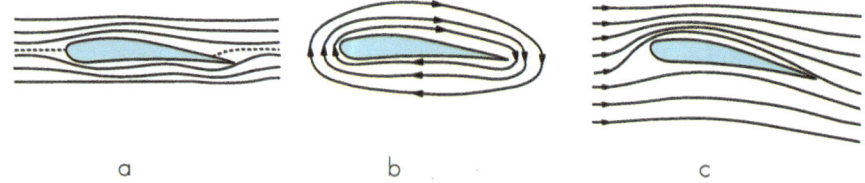

a   b   c

Abbildung 9.18   Zum Auftrieb an Tragflächen

Die Auftriebskraft lässt sich alternativ auch mit der Impulsänderung der umströmenden Luftmoleküle erkären:

- Die Geschwindigkeitsänderung Δv führt zur Impulsänderung Δp des Luftmassenstroms (s. Abb. 9.19).
- Newton II allgemein: $F = \Delta p / \Delta t$ muss vom Tragflügel auf die Luft ausgeübt werden (nach unten).
- Newton III: Die Luft übt eine entgegengesetzte Kraft nach oben auf die Tragfläche aus $\Rightarrow$ Auftrieb.
- Dazu ist nicht unbedingt ein spezielles Flügelprofil notwendig (s. Abb. 9.20): Ein schräg gestelltes Brett kann auch als Tragfläche dienen.

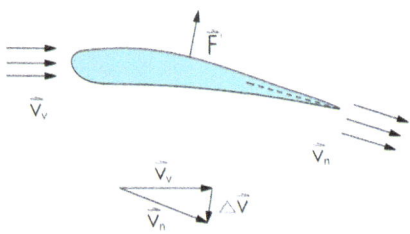

Abbildung 9.19 Geschwindigkeitsänderung des Luftmassenstroms

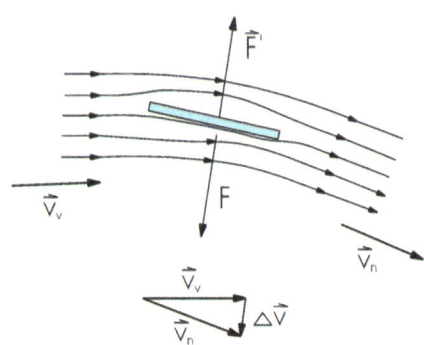

Abbildung 9.20 Geschwindigkeitsänderung des Luftmassenstroms

Definition 9.7 Auftriebskoeffizient c_A

Der Auftriebskoeffizient c_A ist wie folgt über den Anstellwinkel α gegeben:

$$c_A = 2 \cdot \sin(\alpha) \cdot \sin(2\alpha) \tag{9.10}$$

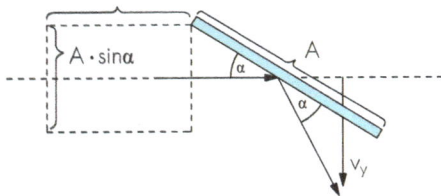

Abbildung 9.21   Demonstration des Anstellwinkels α

Theorem 9.9   Dynamische Auftriebskraft

Die dynamische Auftriebskraft ist bei gegebenem Auftriebskoeffizient c_A, Geschwindigkeit v und Tragflügelfläche A_{Tr} gegeben durch

$$F_A = c_A \cdot \frac{1}{2}\rho \cdot v^2 \cdot A_{Tr} \tag{9.11}$$

Wirbelschleppen

- An den seitlichen Enden der Tragflächen grenzt ein Hochdruckgebiet der Unterseite an ein Tiefdruckgebiet der Oberseiteseite.
- Neben der von der Tragfläche überstrichenen Fläche strömt die Luft seitlich aufwärts.
- Diese Wirbel können sehr stabil sein (Wirbelschleppen) und eine Gefahr für nachfolgende Flugzeuge sein.
- Viele Vögel nutzen diesen Effekt, indem sie gerne seitlich hintereinander fliegen (In Keil- oder Schnurform) ⇒ jeder nutzt den aufwärtsdrehenden Wirbel des Vordermanns, nur das Tier an der Spitze nicht, daher muss es nach gewisser Zeit abgelöst werden.

Die Entstehung von Wirbelschleppen bei einem Flugzeug ist in Abb. 9.22 zu sehen.

Abbildung 9.22 Zur Entstehung von Wirbelschleppen an Flugzeugtragflächen

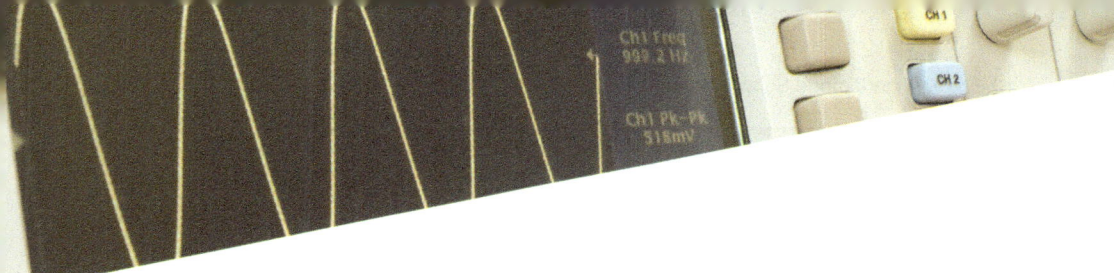

Kapitel 10
Freie, ungedämpfte Schwingungen

10.1 Schwingungen in Natur und Technik

Schwingungen treten in der Natur sehr häufig auf, sind aber meist gedämpft. Sie entstehen, wenn ein schwingungsfähiges System gestört wird, d. h. aus seiner Ruhelage ausgelenkt wird und auf Grund einer rücktreibenden Kraft wieder in diese zurückzukehren versucht.

In der Technik ist eine Schwingung auch häufig anzutreffen, manchmal ist sie unerwünscht, manchmal wird sie sogar künstlich und unter hohem Aufwand erzeugt.

Unerwünscht sind Schwingungen z. B. in Bauwerken: die Abb.10.1 zeigt den Südturm des One Rincon Hill Gebäudes in San Francisco. Das Gebiet ist bekanntlich erdbebengefährdet und etwaig auftretende Schwingungen sollen durch einen Wassertank auf dem Dach des Gebäudes getilgt werden. In dem Tank befinden sich zusätzlich noch Sprossenwände aus Metall, die der Wasserbewegung bei einer Schwingung entgegenwirken und so die Schwingung dämpfen.

Ein weiteres Beispiel für einen Schwingungstilger in Hochhäusern findet sich im Taipeh 101 Turm: ein 660 Tonnen schweres Tilgerpendel (Abb. 10.3) ist in 369.6 m Höhe befestigt (Abb. 10.2)

Häufig begegnet man auch dem Stockbridge-Schwingungstilger (Abb. 10.4) an Freileitungen, insbes. Hochspannungsleitungen (Abb. 10.5), aber auch an Sendemasten oder Schrägseilbrücken findet er Verwendung.

© Der/die Herausgeber bzw. der/die Autor(en), exklusiv lizenziert an Springer Fachmedien Wiesbaden GmbH, ein Teil von Springer Nature 2025
S. Rinner, *Physik für Wirtschaftsingenieure*, Schriften zum Wirtschaftsingenieurwesen, https://doi.org/10.1007/978-3-658-47960-2_10

Abbildung 10.1   Wassertank als Schwingungstilger (Quelle: www.wikipedia.org)

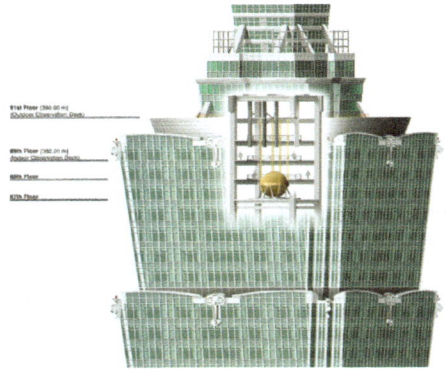

Abbildung 10.2   Taipeh 101 (Quelle: www.wikipedia.org)

10.2 Grundgrössen von Schwingungen

Beginnen wir dieses Unterkapitel mit einer Definition, die uns sagt, wann wir von einer Schwingung sprechen wollen.

> **Definition 10.1**   Schwingung
> *Schwingung = zeitlich periodische Änderung einer physikalischen Grösse*

Was braucht man für eine Schwingung?

- Störungen von mechanischen, elektrischen oder thermischen Systemen (Auslenkung aus Gleichgewichtslage)
- rücktreibende Kräfte (System wieder in ursprüngliche Lage bringen)

Abbildung 10.3   Tilgerpendel (Quelle: www.wikipedia.org)

Abbildung 10.4   Stockbridge-Schwingungstilger. (Quelle: www.wikipedia.org)

Abbildung 10.5   Freileitung mit Stockbridge-Schwingungstilger.
(Quelle: www.wikipedia.org)

Was kann sich alles zeitlich periodisch ändern?

– bei mechanischen Systemen: z.B. Weg, Geschwindigkeit, Beschleunigung, ...
– bei elektromagnetischen Systemen: z.B. elektrische oder magnetische Felder,
Ladung eines Kondensators, Stromstärke im elektrischen Schwingkreis, ...

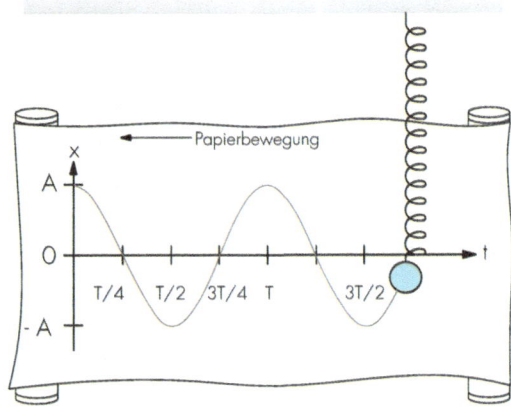

Abbildung 10.6 Aufzeichnung einer harmonischen Schwingung in vertikaler Richtung

Definition 10.2 Zeitlich periodisch
Zeitlich periodisch = nach Ablauf einer charakteristischen Zeit T (Periodendauer) oder einem Vielfachen davon nimmt das System wieder denselben Zustand x ein.

$$x(t + n \cdot T) = x(t), n \in \mathbb{N} \tag{10.1}$$

Definition 10.3 Frequenz f
Unter der Frequenz f einer Schwingung versteht man den Reziprokwert der Periodendauer

$$f = \frac{1}{T} \qquad\qquad [f] = Hz \tag{10.2}$$

Die Frequenz gibt also die Anzahl von Schwingungen während einer Sekunde an.

Definition 10.4 Kreisfrequenz ω
Unter der Kreisfrequenz ω einer Schwingung versteht man das 2π-fache der Frequenz.

$$\omega = 2\pi f \qquad\qquad [\omega] = s^{-1} \tag{10.3}$$

Wir wollen uns im Folgenden auf sinus- und cosinusförmige periodische Vorgänge beschränken und andere wie Rechteck- oder Sägezahnschwingungen nicht betrachten.

> **Definition 10.5**   Harmonische Schwingung
> *Eine harmonische Schwingung ist sinus- oder cosinusförmig. Sie tritt auf, wenn die Rückstellkraft proportional zur Auslenkung ist.*

10.2.1 Mathematische Beschreibung

Mathematisch lassen sich harmonische Schwingungen durch eine Sinus- oder Cosinus-Funktion beschreiben:

$$x(t) = -A \cdot \sin(\omega_0 \cdot t + \varphi) \tag{10.4}$$

Diese Schwingung entspricht dem in Abb. 10.7 dargestellten Verlauf, falls $\varphi = 0$ gesetzt wird.

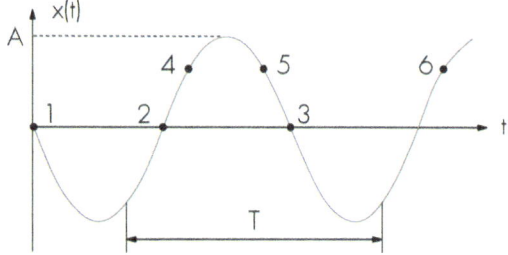

Abbildung 10.7   Harmonische Schwingung

Hierbei ist

- A: Amplitude, maximale Auslenkung
- $x(t)$: Elongation, momentane Auslenkung zur Zeit t
- ω_0: (Eigen-)Kreisfrequenz der freien Schwingung
- φ: Phase

Die Punkte 1 und 3, sowie die Punkte 4 und 6 haben dieselbe Auslenkung und dieselbe Geschwindigkeit (Tangente an die Kurve).
Es stellt sich nun die Frage, welche Eigenschaft diese mathematische Funktion auszeichnet, um als Beschreibung einer harmonischen Schwingung zu dienen. Die Sinus- und Cosinusfunktion haben eine Besonderheit: bei zweimaligem Ableiten entsteht -bis auf einen Faktor- wieder dieselbe Funktion. Das bedeutet, diese Funktionen sind Lösungen einer *Differentialgleichung zweiter Ordnung* von der

Form:[1]

$$\frac{d^2x(t)}{dt^2} = C \cdot x(t) \qquad (10.5)$$

Nun, vermutlich haben Sie noch keine grosse Erfahrung mit Differentialgleichungen sammeln können oder der Begriff begegnet Ihnen sogar zum ersten Mal an dieser Stelle. Ich möchte deshalb ein paar Worte zur Erläuterung sagen.

Warum es Differential*gleichung* (kurz: DGL) heisst, dürfte sich durch das Gleichheitszeichen erklären. *Differential-* steht dafür, dass die Gleichung eine Ableitung (ein Differential) enthält. Im vorliegenden Fall eine zweite Ableitung nach der Zeit, weshalb man von einer *DGL zweiter Ordnung* spricht. Bringt man alle Terme, die die Funktion $x(t)$ enthalten auf eine Seite, so nimmt die Gleichung die folgende Gestalt an:

$$\frac{d^2x(t)}{dt^2} - C \cdot x(t) = 0$$

DGLn, bei denen dann auf der rechten Seite die Null steht, nennt man *homogen*. Ist vor dem höchsten vorkommenden Grad der Ableitung (hier: zwei) wie hier der Faktor 1, so nennt man dies die *Normalform* der Differentialgleichung. Wir wollen uns die Gleichung 10.5 nun aber aus mathematischer Sicht etwas genauer ansehen.

Was sagt diese Gleichung aus? Doch wohl offensichtlich dieses: gesucht ist eine Funktion $x(t)$ mit der Eigenschaft, dass bei einer zweimaligen Ableitung der Funktion wieder (bis auf eine Konstante C) die ursprüngliche Funktion $x(t)$ entsteht.

Genau diese Eigenschaft besitzen aber die Sinus- und Cosinusfunktion wie ich am Beispiel des Sinus aus Gleichung 10.4 nun zeigen möchte:

$$\begin{aligned} x(t) &= -A \cdot \sin(\omega_0 \cdot t + \varphi) \\ \frac{dx(t)}{dt} &= -\omega_0 \cdot A \cdot \cos(\omega_0 \cdot t + \varphi) \\ \frac{d^2x(t)}{dt^2} &= \omega_0^2 \cdot A \cdot \sin(\omega_0 \cdot t + \varphi) = -\omega_0^2 \cdot x(t) \end{aligned}$$

mit der Konstanten $C = \omega_0^2$, deren Quadratwurzel (also ω_0) man die Eigenfrequenz der freien Schwingung nennt. Der Index 0 weist dabei darauf hin, dass man es mit einer freien Schwingung zu tun hat, d.h. mit einer, die nicht von aussen angetrieben wird.

Die Gleichung lässt sich auch in folgender Form schreiben:

$$\frac{d^2x(t)}{dt^2} + \omega_0^2 \cdot x(t) = 0 \qquad (10.6)$$

1 Das ist gerade die Aussage, dass die auslenkende Kraft proportional zur Auslenkung ist: $F \propto x \rightarrow$ $m \cdot a \propto x \rightarrow m \cdot \ddot{x} \propto x \rightarrow \ddot{x} = C \cdot x$

10.3 Aufstellen der Schwingungsgleichung

Wir werden im Folgenden eine Auswahl an schwingungsfähigen physikalischen Systemen betrachten und dabei überlegen, wie die zugehörige Differentialgleichung auszusehen hat, die diese Schwingung korrekt beschreibt. Dazu gebe ich eine Art *Rezept* an, nach dem man am besten vorgeht:

1. Man wählt ein Koordinatensystem. Es ist meist zweckmässig, den Nullpunkt dort festzulegen, wo die rücktreibende Kraft auf das System null ist.
2. Man zeichnet die Kräfte ein, die in einer beliebigen Auslenkung auf das System einwirken.
3. Man formuliert die Komponenten der Kräfte bezüglich des benutzten Koordinatensystems. Besondere Aufmerksamkeit ist den Vorzeichen zu schenken.
4. Man setzt das Aktionsprinzip an und bringt die DGL auf Normalform.

10.3.1 Horizontales Federpendel

Betrachten wir die Abb. 10.8 mit einer Masse m, die zwischen zwei Federn mit der Federkonstante $c/2$ eingespannt ist. Lenkt man die Masse aus ihrer Ruhelage aus, wird die eine Feder gedehnt, die andere gestaucht, beide Federn üben also rücktreibende Kräfte auf die Masse aus. Nun wenden wir zur mathematischen Beschreibung das Rezept zum Aufstellen der Schwingungsgleichung an:

1. Wähle das Koordinatensystem: Nullpunkt desselben sei in der Ruhelage des Systems.
2. Zeichne alle Kräfte bei Auslenkung aus der Ruhelage ein: es wirkt die rücktreibende Kraft $\vec{F}$ wie eingezeichnet.
3. Die Komponenten der Kraft: es gibt nur eine x-Komponente:
   $F = -(\frac{c}{2} + \frac{c}{2})x = -c \cdot x$.
4. Aktionsprinzip: $F = m \cdot a$

In 3. und 4. sind zwei Bedingungen für die Kraft F gegeben, das Gleichsetzen der beiden Gleichungen führt auf die Differentialgleichung der Schwingung:

$$m \cdot a = -c \cdot x \tag{10.7}$$

Da aber die Beschleunigung die zweite Ableitung des Ortes nach der Zeit ist:

$$m \cdot \frac{d^2 x(t)}{dt^2} = -c \cdot x(t) \tag{10.8}$$

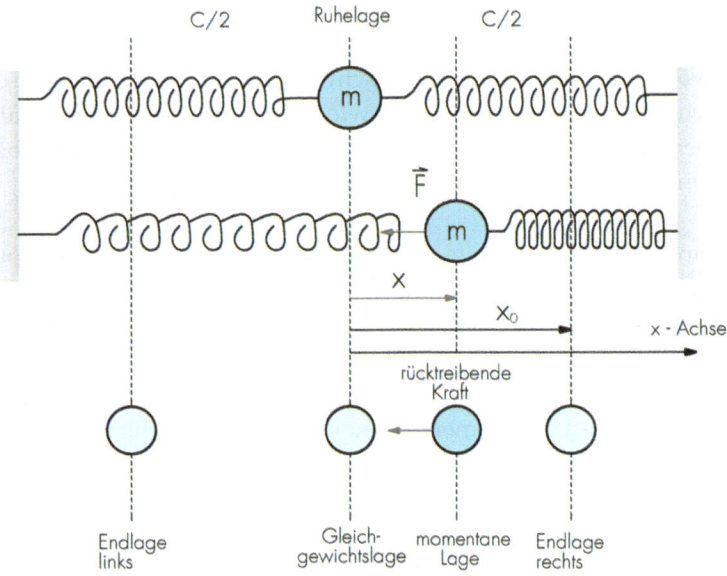

Abbildung 10.8   Horizontales Federpendel

wofür ich in Zukunft kurz

$$m \cdot \ddot{x}(t) = -c \cdot x(t) \tag{10.9}$$

schreiben möchte. Die beiden Punkte über dem x sollen also ein zweimaliges Ableiten nach der Zeit bedeuten.

Bringt man diese DGL auf Normalform, so erhält man nach Division durch m:

$$\ddot{x}(t) + \frac{c}{m} \cdot x(t) = 0 \tag{10.10}$$

Man sieht nach Vergleich mit Gleichung 10.6, dass für diese Schwingung die Eigenkreisfrequenz ω_0 wie folgt angegeben werden kann:

$$\omega_0 = \sqrt{\frac{c}{m}} \tag{10.11}$$

Diese Gleichung sollte man noch etwas interpretieren: sie gibt ja über die Eigenfrequenz der Schwingung Auskunft, sagt also etwas darüber aus, wie schnell die freie Schwingung abläuft. In diesem Fall sieht man, dass die Schwingung umso schneller ist, je grösser die Federkonstante c ist. Eine grosse Masse hingegen führt zu einer kleineren Eigenfrequenz und damit zu einer langsameren Schwingung.

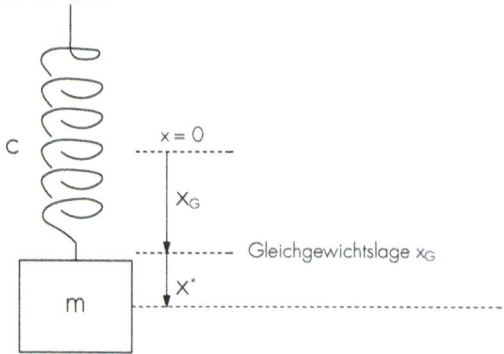

Abbildung 10.9 Vertikales Federpendel mit zwei verschiedenen Koordinatensystemen

10.3.2 Vertikales Federpendel

Betrachten wir die Abb. 10.9, auf der ein vertikales Federpendel zu sehen ist. Als geschickt erweist sich die Wahl des Koordinatenursprungs als die Ruhelage der Feder ohne die angehängte Masse. Dann soll x_G die Auslenkung sein, die die Masse bewirkt und die die Gleichgewichtslage darstellt. $x^*(t)$ bezeichnet dann die Koordinate/Auslenkung zu einem beliebigen Zeitpunkt.
Ich liste wieder die einzelnen Punkte des Rezepts für diesen Fall auf:

1. x-Achse wie gezeichnet, Nullpunkt: Ruhelage der unbelasteten Feder.
2. Zeichne alle Kräfte bei Auslenkung aus der Ruhelage ein: es wirkt die rücktreibende Kraft $\vec{F}_F$ sowie die Gewichtskraft $\vec{G}$.
3. Gewichtskraft wirkt in die positive x-Richtung: $\vec{G} = m \cdot g$ die rücktreibende Federkraft in die negative x-Richtung $\vec{F}_F = -c \cdot (x_G + x^*)$.
4. Aktionsprinzip: $F = m \cdot a$ und $F = m \cdot g - c \cdot (x_G + x^*)$.

Das führt auf die DGL:

$$
\begin{aligned}
m \cdot a &= m \cdot g - c \cdot (x_G + x^*) \\
m \cdot \ddot{x}^* &= m \cdot g - c \cdot x_G - c \cdot x^*
\end{aligned}
$$

Da aber in der Gleichgewichtslage x_G die rücktreibende Federkraft und die Gewichtskraft entgegengesetzt gleich sind ($m \cdot g - c \cdot x_G = 0$), vereinfacht sich das zu

$$
m \cdot \ddot{x}^* = -c \cdot x^* \tag{10.12}
$$

Das ist identisch mit

$$\ddot{x}^* + \frac{c}{m} \cdot x^* = 0 \tag{10.13}$$

An Gleichung 10.13 lässt sich die Eigenfrequenz des vertikalen Federpendels ablesen:

$$\omega_0 = \sqrt{\frac{c}{m}} \tag{10.14}$$

Das ist identisch zum Ergebnis aus dem vorangegangenen Abschnitt. Ebenfalls identisch ist die Interpretation dieser Gleichung.

10.3.3 Drehpendel

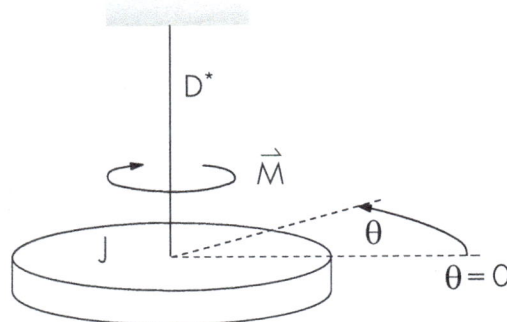

Abbildung 10.10 Drehpendel um den Winkel θ aus Ruhelage ausgelenkt

Die Abb. 10.10 zeigt eine Scheibe, die an einem Torsionsfaden befestigt ist. Dreht man die Scheibe um einen Winkel θ aus ihrer Ruhelage, so übt der Torsionsfaden ein rücktreibendes Drehmoment $M = -D^*\theta$ aus. Hierbei heisst D^* das *Direktionsmoment*, *Winkelrichtgrösse* oder *Richtmoment*.
Wieder die bekannte Liste:

1. $\theta = 0$ ist die Ruhelage.
2. Es wirkt das rücktreibende Drehmoment wie eingezeichnet.
3. $M = -D^*\theta$
4. Aktionsprinzip der Drehbewegung: $M = J \cdot \ddot{\theta}$ und $M = -D^*\theta$

führt auf die DGL:

$$
\begin{aligned}
J \cdot \ddot{\theta} &= -D^*\theta \\
J \cdot \ddot{\theta} + D^*\theta &= 0
\end{aligned}
$$

Das ist identisch mit

$$\ddot{\theta} + \frac{D^*}{J}\theta = 0 \tag{10.15}$$

woran man die Eigenfrequenz der Schwingung ablesen kann:

$$\omega_0 = \sqrt{\frac{D^*}{J}} \tag{10.16}$$

Diese Gleichung ist einleuchtend: je grösser das Richtmoment D^*, umso schneller verläuft die Schwingung. Und je grösser das Trägheitsmoment, umso langsamer verläuft sie.

10.3.4 Mathematisches Pendel

Das mathematische Pendel besteht aus einem masselosen Faden der Länge ℓ, an dem eine Masse m hängt (Abb. 10.11). Wird die Masse um einen Winkel θ aus der Ruhelage ausgelenkt, treibt sie die Tangentialkomponente der Gewichtskraft wieder dorthin zurück.

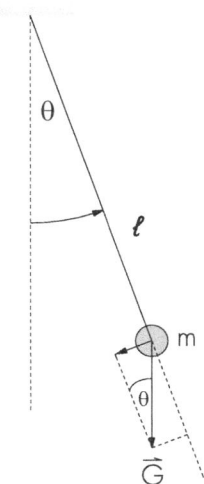

Abbildung 10.11 Mathematisches Pendel

1. $\theta = 0$ ist die Ruhelage.
2. Das rücktreibende Drehmoment wird durch die Tangentialkomponente der Gewichtskraft $m \cdot g \cdot \sin(\theta)$ erzeugt.
3. $M = -m \cdot g \cdot \sin(\theta) \cdot \ell$
4. Aktionsprinzip der Drehbewegung: $M = J \cdot \ddot{\theta}$ mit $J = m \cdot \ell^2$

Das führt auf die DGL:

$$
\begin{aligned}
J \cdot \ddot{\theta} &= -m \cdot g \cdot \sin(\theta) \cdot \ell \\
J \cdot \ddot{\theta} + m \cdot g \cdot \sin(\theta) \cdot \ell &= 0 \\
m \cdot \ell^2 \cdot \ddot{\theta} + m \cdot g \cdot \sin(\theta) \cdot \ell &= 0 \\
\ell \cdot \ddot{\theta} + g \cdot \sin(\theta) &= 0
\end{aligned}
$$

Das ist nun keine lineare DGL mehr (weil die Variable θ nun im Argument der nicht-linearen Sinusfunktion steckt). Um eine analytische Lösung anzugeben, machen wir eine Näherung und nehmen an, der Auslenkungswinkel θ sei klein. Dann ist näherungsweise $\sin(\theta) \approx \theta$ und die DGL erhält folgende Gestalt:

$$
\ell \cdot \ddot{\theta} + g \cdot \theta = 0 \tag{10.17}
$$

Diese DGL auf Normalform gebracht:

$$
\ddot{\theta} + \frac{g}{\ell} \cdot \theta = 0 \tag{10.18}
$$

Auch hieran kann man die Eigenfrequenz dieser Schwingung leicht ablesen:

$$
\omega_0 = \sqrt{\frac{g}{\ell}} \tag{10.19}
$$

Die Eigenfrequenz, also wie schnell dieses Pendel schwingt, hängt hier nicht von der Masse, sondern nur von der Länge des Fadens ab.

10.3.5 Physikalisches Pendel

Das physikalische Pendel besteht aus einem drehbar gelagerten beliebig geformten Körper. Die Drehachse sei mit D, der Schwerpunkt mit SP bezeichnet. Der Abstand zwischen beiden sei s (Abb. 10.12). In der Schwingungsgleichung wird uns das Trägheitsmoment J_D der Masse begegnen, was aber grundsätzlich mit dem Satz von Steiner bezüglich jeder beliebigen Drehachse berechenbar ist.

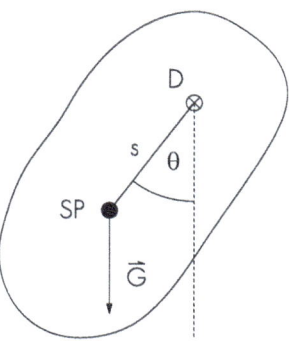

Abbildung 10.12 Physikalisches Pendel

Es folgt auch hier die Rezeptliste:

1. $\theta = 0$ ist die Ruhelage.
2. Das rücktreibende Drehmoment wird durch die Tangentialkomponente der Gewichtskraft $m \cdot g \cdot \sin(\theta)$ erzeugt.
3. $M = -m \cdot g \cdot \sin(\theta) \cdot s$
4. Aktionsprinzip der Drehbewegung: $M = J \cdot \ddot{\theta}$ mit $J = J_D$

Das führt auf die DGL:

$$
\begin{aligned}
J_D \cdot \ddot{\theta} &= -m \cdot g \cdot \sin(\theta) \cdot s \\
J_D \cdot \ddot{\theta} + m \cdot g \cdot \sin(\theta) \cdot s &= 0 \\
\ddot{\theta} + \frac{m \cdot g \cdot s}{J_D} \cdot \sin(\theta) &= 0
\end{aligned}
$$

Auch hier wie im vorangegangenen Abschnitt erhalten wir eine nicht-lineare DGL (wieder ist θ die Variable der nicht-linearen Sinusfunktion), die sich aber unter Annahme kleiner Auslenkungswinkel näherungsweise durch eine lineare DGL ersetzen lässt:

$$
\ddot{\theta} + \frac{m \cdot g \cdot s}{J_D} \cdot \theta = 0 \tag{10.20}
$$

Die Eigenfrequenz dieser Schwingung beträgt in diesem Fall:

$$
\omega_0 = \sqrt{\frac{m \cdot g \cdot s}{J_D}} \tag{10.21}
$$

10.4 Lösen der Differentialgleichung

Wir haben nun an einigen Beispielen gesehen, auf welchem Weg man zur Differential-Gleichung der Schwingung gelangt. Wozu diese Mühe? Habe ich nicht eingangs erwähnt, ich möchte mich beschränken auf harmonische Schwingungen? Und harmonische Schwingungen sind doch irgendwelche Sinusfunktionen. Also dann kenne ich doch bereits die Funktion, die die Schwingung beschreibt.

Der Einwand trifft nicht ganz zu. Es stimmt, dass die gesuchte Funktion von dieser Form sein soll:

$$x(t) = A \cdot \sin(\omega_0 \cdot t + \varphi) \tag{10.22}$$

Nun sehen Sie aber, wo das Problem liegt: wir kennen die wesentlichen Grössen darin nicht: A, ω_0 und φ sind unbekannt.

Eine davon haben wir beim Aufstellen der DGL jeweils herausgefunden: ω_0.

Die Amplitude A und die Phasenverschiebung φ lassen sich aus zwei Anfangsbedingungen berechnen, nämlich aus der Auslenkung am Anfang sowie aus der Geschwindigkeit am Anfang.

Als Beispiel diene das horizontale Federpendel:

Angenommen, es wird anfangs um die Strecke x_0 ausgelenkt und dort festgehalten bevor man es loslässt und die Schwingung beginnt. Dann liegen folgende Anfangsbedingungen vor:

$$
\begin{aligned}
x(t = 0) &= x_0 \\
\dot{x}(t = 0) &= 0
\end{aligned}
$$

Verwenden wir unser Wissen über das Aussehen der gesuchten Funktion:

$$
\begin{aligned}
x(t) &= A \cdot \sin(\omega_0 \cdot t + \varphi) \\
\dot{x}(t) &= \omega_0 \cdot A \cdot \cos(\omega_0 \cdot t + \varphi)
\end{aligned}
$$

und setzen dort die Anfangsbedingungen ein:

$$
\begin{aligned}
x(t = 0) &= A \cdot \sin(\omega_0 \cdot t + \varphi) = A \cdot \sin(\varphi) = x_0 \\
\dot{x}(t = 0) &= \omega_0 \cdot A \cdot \cos(\varphi) = \omega_0 \cdot A \cdot \cos(\varphi) = 0
\end{aligned}
$$

Die letzte Gleichung ist erfüllt, wenn

$$\varphi = \frac{\pi}{2} \tag{10.23}$$

Dann wird aus der Anfangsbedingung für den Ort:

$$A \cdot \sin(\frac{\pi}{2}) = x_0 \tag{10.24}$$

und damit $x_0 = A$ sowie

$$x(t) = x_0 \cdot \sin(\sqrt{\frac{c}{m}} \cdot t + \frac{\pi}{2}) \tag{10.25}$$

oder einfacher:

$$x(t) = x_0 \cdot \cos(\sqrt{\frac{c}{m}} \cdot t) \tag{10.26}$$

Die Gleichung bestätigt unsere Intuition: die Amplitude der Schwingung ist die Anfangsauslenkung x_0, die Schwingung ist cosinusförmig, weil diese Funktion für den Anfangszeitpunkt $t = 0$ den Maximalwert 1 liefert und damit für die Momentanauslenkung $x(t = 0) = x_0$.

Kapitel 11
Freie gedämpfte und erzwungene Schwingungen

This was charming, no doubt; but they shortly found out
That the Captain they trusted so well
Had only one notion for crossing the ocean,
And that was to tingle his bell.
Lewis Carroll (1871 - 1950)

11.1 Gedämpfte Schwingungen

Die in der Natur vorkommenden Schwingungen sind meist gedämpft. Der Grund dafür:

– Reibung setzt einen Teil der Energie des schwingenden Systems in Wärme um.

Die Folge davon:

– Die Amplitude der Schwingung nimmt mit der Zeit ab.

Um verschiedene Arten der Dämpfung mathematisch zu beschreiben, macht man folgende Ansätze für die Reibkraft:

– $F_R = \mu \cdot N$ Trockene Reibung (z. B. Metall auf Holz, Metall auf Metall,...)
– $F_R = konst \cdot v$ Reibkraft bei laminarer Umströmung (kleine Geschwindigkeiten in Gasen und Flüssigkeiten, z.B. Luftreibung)
– $F_R = konst. \cdot v^2$ Reibungswiderstand in turbulenter Umströmung (es treten Wirbel auf)

S. Rinner, *Physik für Wirtschaftsingenieure*, Schriften zum Wirtschaftsingenieurwesen,
https://doi.org/10.1007/978-3-658-47960-2_11

Die beiden letzteren haben wir schon bei den Fluiden kennengelernt. Mit dem Rezept aus dem vorigen Kapitel sind wir in der Lage, die Differentialgleichung aufzustellen.

11.2 Geschwindigkeitsproportionale Reibung

Als Beispiel für ein System mit geschwindigkeitsproportionaler Reibung betrachten wir das horizontale Federpendel in Abb. 11.1, dessen schwingungsfähige Masse sich in einem entsprechenden Fluid befindet, welches zur geschwindigkeitsproportionalen Reibung führt:
$\vec{F}_R = -\gamma\vec{v}$ mit der *Dämpfungskonstante* γ.

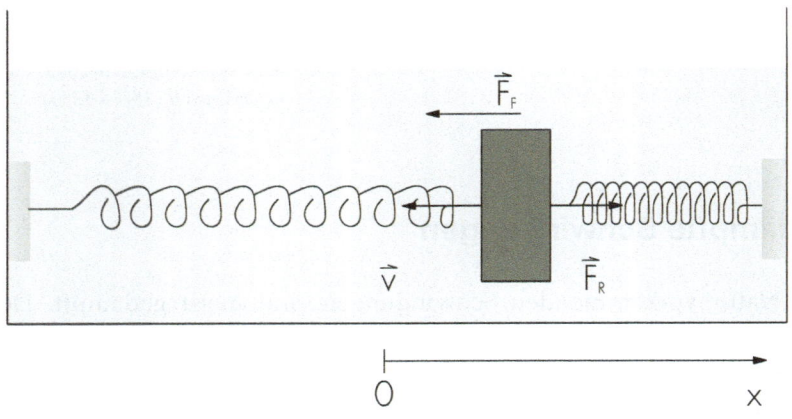

Abbildung 11.1 Geschwindigkeitsproportionale Reibung

1. x-Achse wie gezeichnet, Nullpunkt: Ruhelage der unbelasteten Feder.
2. Zeichne alle Kräfte bei Auslenkung aus der Ruhelage ein: es wirkt die rücktreibende Kraft $\vec{F}_F$ sowie die Reibungskraft $\vec{F}_R$ wie eingezeichnet.
3. Die Reibungskraft wirkt in die positive x-Richtung[1]: $\vec{F}_R = -\gamma \cdot \dot{x}$, die rücktreibende Federkraft in die negative x-Richtung $\vec{F}_F = -c \cdot x$.
4. Aktionsprinzip: $F = m \cdot a$ und $F = -\gamma \cdot \dot{x} - c \cdot x$.

Das führt auf die DGL:

$$m \cdot a = -\gamma \cdot \dot{x} - c \cdot x \qquad (11.1)$$

1 man beachte hier, dass $\dot{x}$ ein Vorzeichen hat

Oder in der Normalform:

$$\ddot{x} + \frac{\gamma}{m}\dot{x} + \frac{c}{m}x = 0 \tag{11.2}$$

Häufig trifft man die Gleichung auch noch in folgender Form an:

$$\ddot{x} + 2\delta\dot{x} + \omega_0^2 x = 0 \tag{11.3}$$

Hierbei heisst $\delta = \frac{\gamma}{2m}$ der *Abklingkoeffizient*. Man macht folgenden Lösungsansatz:

$$x(t) = K \cdot e^{r \cdot t} \tag{11.4}$$

und findet die Unbekannte r durch Einsetzen des Lösungsansatzes in die DGL 11.2:

$$\dot{x} = K \cdot r \cdot e^{r \cdot t} \tag{11.5}$$
$$\ddot{x} = K \cdot r^2 \cdot e^{r \cdot t} \tag{11.6}$$
$$\tag{11.7}$$

also wird aus 11.2:

$$r^2 e^{r \cdot t} + 2\delta \cdot r \cdot e^{r \cdot t} + \omega_0^2 \cdot e^{r \cdot t} = 0 \tag{11.8}$$
$$(r^2 + 2\delta \cdot r + \omega_0^2) \cdot e^{r \cdot t} = 0 \tag{11.9}$$
$$(r^2 + 2\delta \cdot r + \omega_0^2) = 0 \tag{11.10}$$

und damit für die Unbekannte r:

$$r = -\delta \pm \sqrt{\delta^2 - \omega_0^2}$$

Die Lösungsfunktion lautet folglich:

$$x(t) = K \cdot e^{(-\delta \pm \sqrt{\delta^2 - \omega_0^2}) \cdot t} \tag{11.11}$$

Je nach Grösse des Abklingkoeffizienten δ ergeben sich folgende Lösungstypen:

1. $\delta = 0 \Longrightarrow$ ungedämpfte Schwingung
2. δ klein, so dass $\delta^2 < \omega_0^2 \Longrightarrow$ schwach gedämpfte Schwingung
3. δ gross, so dass $\delta^2 > \omega_0^2 \Longrightarrow$ stark gedämpfte Schwingung
4. $\delta = \omega_0 \Longrightarrow$ aperiodischer Grenzfall

Abb. 11.2 zeigt zwei Fälle schwacher Reibung: die Amplitude fällt exponentiell ab. In beiden Fällen startet das System mit einer Anfangsauslenkung.

Der Fall starker Dämpfung ist in Abb. 11.3 zu sehen: die beiden Diagramme zeigen das Schwingungsverhalten bei unterschiedlichen Anfangsbedingungen:

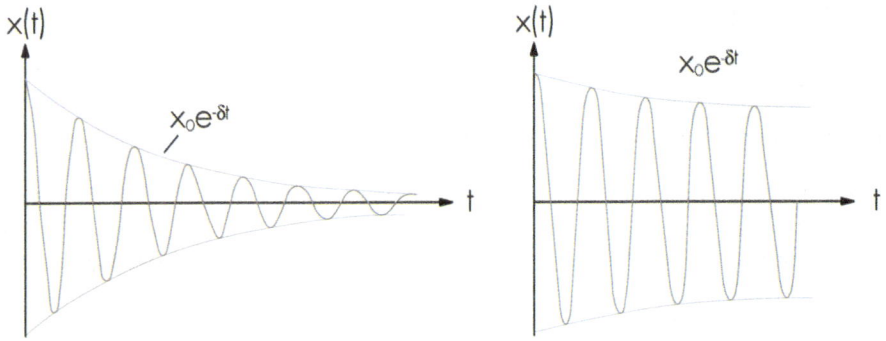

Abbildung 11.2 Schwache Dämpfung

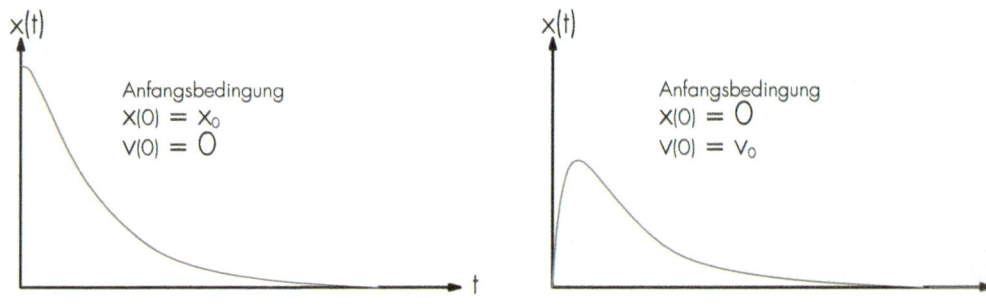

Abbildung 11.3 Starke Dämpfung

einmal mit Anfangsauslenkung und aus der Ruhe, das andere Mal ohne Anfangsauslenkung, aber mit Startgeschwindigkeit. Da die Bewegung nicht durch den Nullpunkt durchschwingt, sondern kriechend in die Ruhelage zurückkehrt, spricht man vom **Kriechfall** .

Für den Spezialfall $\delta = \omega_0$ (**aperiodischer Grenzfall**) kehrt das System sehr schnell und ohne Überschwingen in die Gleichgewichtslage zurück. Diesen Fall möchte man z. B. in Messgeräten realisieren. Für verschiedene Anfangsbedingungen ist der Vergleich zwischen Kriechfall und aperiodischem Grenzfall in Abb. 11.4 zu sehen.

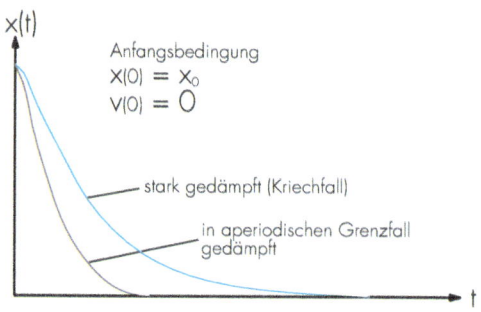

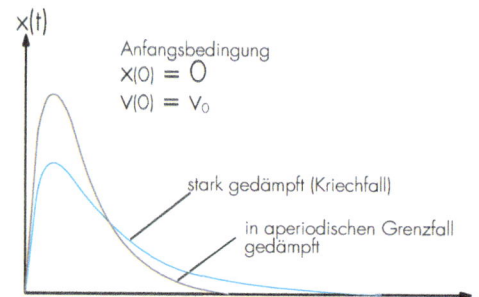

Abbildung 11.4   Aperiodischer Grenzfall

11.3 Konstante (trockene) Reibung

Ausser der geschwindigkeitsproportionalen Reibung wollen wir im Folgenden noch die konstante oder trockene Reibung betrachten. Dies ist z. B. in der in Abb. 11.5 gezeigten Situation der Fall. Hierbei nimmt die Amplitude der Schwingung in gleichen Zeiten um einen konstanten Betrag ab, so dass die Einhüllende der Schwingung durch zwei Geraden dargestellt wird (s. Abb. 11.6). Dieser Amplitudenschwund ist unabhängig vom Startwert x_0.

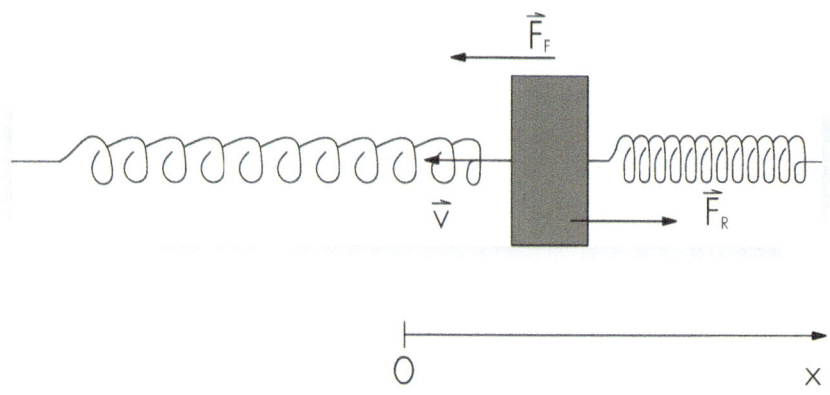

Abbildung 11.5   Konstante Reibung

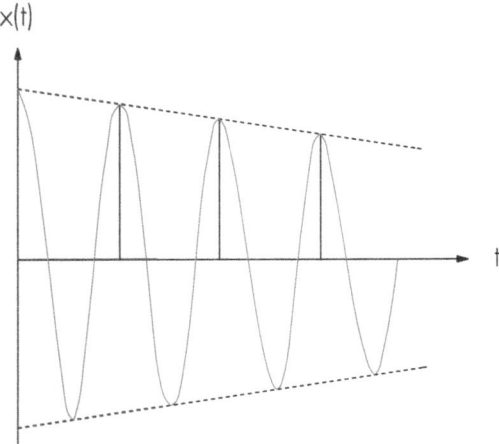

Abbildung 11.6 Amplitudenschwund bei konstanter Reibung

11.4 Erzwungene (gedämpfte) Schwingung

Wird einem schwingungsfähigen, durch Reibung gedämpften System von aussen periodisch Energie zugeführt, so spricht man von einer erzwungenen Schwingung. Dies ist eine technisch besonders wichtige und interessante Form harmonischer Schwingungen, da sie in vielen technischen Anwendungen (Motoren, Bauwerken, etc.) anzutreffen ist. Dabei kann sie entweder erwünscht oder unerwünscht sein. Wieder führt das Aufstellen des Aktionsprinzips zur beschreibenden Differentialgleichung: die Summe aller am System angreifenden Kräfte sind gleich Masse mal Beschleunigung. Um konkret zu werden, stelle man sich eine Masse an einer Feder hängend vor (Federkraft F_F). Die Feder werde durch einen Motor periodisch auf und ab bewegt (Störkraft F_S mit Frequenz ω). Zusätzlich sei durch irgendeinen Mechanismus (z. B. Masse befindet sich in einer Flüssigkeit) eine geschwindigkeitsproportionale Reibungskraft F_R am Wirken. Dann lautet das Aktionsprinzip:

$$\vec{F}_F + \vec{F}_R + \vec{F}_S = m \cdot \vec{a} \tag{11.12}$$

Auf den ersten Blick sieht man dieser Gleichung nicht an, dass es sich um eine Differentialgleichung handelt. Setzt man die Störkraft als komplexe Funktion an (das erleichtert das Rechnen), so nimmt Gleichung 11.12 folgende Form an:

$$-c \cdot x - \gamma \cdot \dot{x} + F_0 \cdot e^{i\omega t} = m \cdot \ddot{x} \tag{11.13}$$

bzw. nach Umstellen

$$m \cdot \ddot{x} + \gamma \cdot \dot{x} + c \cdot x = F_0 \cdot e^{i\omega t} \tag{11.14}$$

oder in Normalform:

$$\ddot{x} + 2\delta \cdot \dot{x} + \omega_0^2 \cdot x = \frac{F_0}{m} \cdot e^{i\omega t} \tag{11.15}$$

Ohne Beweis sei hier die Lösung dieser Gleichung angegeben (man verifiziert es leicht durch Ableiten und Einsetzen in die Differentialgleichung):

$$x(t) = \frac{F_0}{m \cdot \sqrt{(\omega_0^2 - \omega^2)^2 + 4\delta^2 \omega^2}} \cdot \cos(\omega \cdot t - \varphi) \tag{11.16}$$

Diese Gleichung beschreibt die Abhängigkeit der Auslenkung $x(t)$ von der Zeit. Obwohl dieser Ausdruck auf den ersten Blick etwas abschreckend wirken mag, erfährt man aus dieser Lösung doch Interessantes über das Schwingungsverhalten eines angetriebenen Systems:

Da ist zunächst die Amplitude (der Quotient vor dem Cosinus); wie man sieht, hängt diese einerseits von der Dämpfung δ ab, und zwar so wie man es erwarten würde. Je grösser die Dämpfung umso kleiner die Amplitude (so lange alles andere unverändert bleibt).

Dann aber noch: auch die Störfrequenz ω hat Einfluss auf die Amplitude, wohl nicht ganz so nahe liegend. Da ω im Nenner des Quotienten mehr als einmal auftritt, ist die Argumentation nicht ganz so einfach wie im Falle der Dämpfung δ: Um die Abhängigkeit genauer zu untersuchen, fragen wir nach dem Fall, in dem die Amplitude besonders gross wird. Wann ist das der Fall? Offenbar doch dann, wenn der Nenner einen besonders kleinen Wert annimmt. Die Frage lässt sich also durch eine Extremwertbestimmung beantworten, und ohne Beweis gebe ich hier das Ergebnis an:

$$\omega_{res} = \sqrt{\omega_0^2 - 2\delta^2} \tag{11.17}$$

und

$$x_{0,res} = \frac{F_0}{2m\delta\sqrt{\omega_0^2 - \delta^2}} \tag{11.18}$$

Dieser Fall heisst *Resonanzfall* oder *Resonanz* und ist besonders interessant. Wie in Abb. 11.7 zu sehen, hängt es natürlich von der Stärke der Dämpfung δ ab, wie gross die Amplitude der erzwungenen Schwingung werden wird. Geht man von links von kleinen Frequenzen nach rechts hin zu höheren, so erkennt man einen Anstieg der Amplitude bis sie bei einer etwas kleineren Frequenz als der Frequenz der freien Schwingung ω_0 ein Maximum erreicht. Dies geschieht bei der Resonanzfrequenz $\omega_{res} = \sqrt{\omega_0^2 - 2\delta^2}$. Erhöht man die Erregerfrequenz über diesen Wert hinaus, wird die Amplitude wieder kleiner. Soviel zur Amplitude.

Nun zum Cosinus-Term. Wie in Gleichung 11.16 zu sehen, schwingt das angetriebene System mit derselben Frequenz ω wie auch die Anregung selbst. Ausser ω enthält der Cosinus auch noch eine weitere Grösse: die relative Phase φ bezüglich der Anregung. Diese gibt an, wann die erzwungene Schwingung ihre Maxima und Minima im Vergleich zur Anregungsschwingung hat. Analysiert man die Lösung der Differentialgleichung genauer, findet man für die Phase

$$\tan(\varphi) = \frac{2\delta\omega}{\omega_0^2 - \omega^2} \qquad (11.19)$$

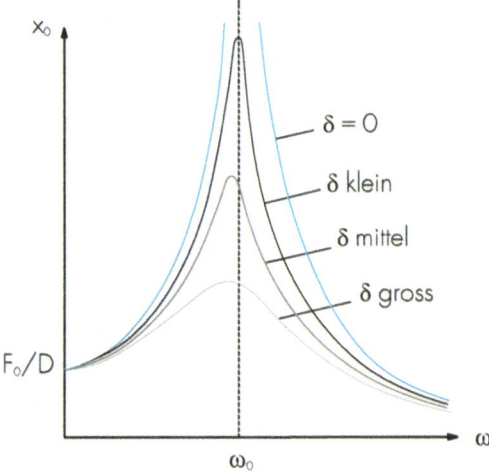

Abbildung 11.7 Verschiedene Resonanzkurven für verschiedene Dämpfungen δ

Man nennt die Abhängigkeit der Phasenverschiebung von der Anregungsfrequenz den *Phasengang* $\varphi(\omega)$. Drei Fälle wollen wir gesondert betrachten:

— ω ist klein: wir befinden uns im linken Teil der Abb. 11.8. In diesem Fall ist ω^2 noch viel kleiner als ω und kann vernachlässigt werden:

$$\tan(\varphi) \approx \frac{2\delta\omega}{\omega_0^2}$$

Für kleine δ (und kleine ω wie vorausgesetzt) ist $\tan(\varphi)$ klein und damit auch φ und in jedem Fall positiv.

– ω ist gross: wir befinden uns im rechten Teil der Abb. 11.8. In diesem Fall kann ω_0 vernachlässigt werden:

$$\tan(\varphi) \approx -\frac{2\delta}{\omega}$$

Ist zusätzlich δ sehr klein (und ω sehr gross wie vorausgesetzt), so wird der Quotient nahezu Null, was bedeutet, dass φ nahezu π oder $180°$ ergibt.

– $\omega = \omega_0$: in diesem Fall wird der Nenner zu Null, es tritt eine Polstelle auf. Für das Argument φ der Tangensfunktion bedeutet dies $\varphi = \frac{\pi}{2}$ oder $90°$.

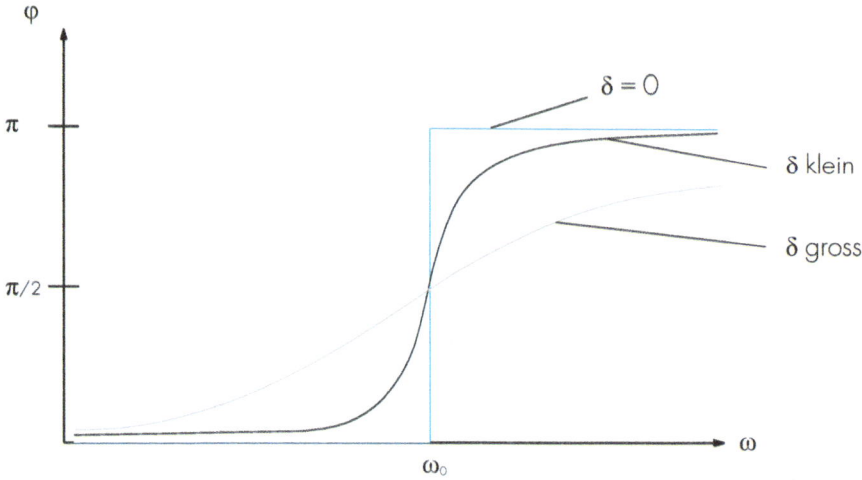

Abbildung 11.8 Phasengang

11.4.1 Resonanzkatastrophe

Ein Fall lohnt sich genauer zu betrachten: wird ein System von aussen angetrieben, erfährt nur wenig oder keine Reibung, so wird die zugeführte Energie nicht durch Reibung dissipiert, sondern nimmt immer mehr zu. Das führt dann zu einem Zusammenbruch des Systems, zur **Resonanzkatastrophe**.

Mathematisch lässt sich das an den Gleichungen 11.18 und 11.17 nachvollziehen: ist $\delta = 0$, so wird $\omega_{res} = \omega_0$ und $x_{0,res} = \infty$, sowie $\varphi = \frac{\pi}{2}$.

In Abb. 11.9 ist der gegenseitige zeitliche Verlauf der anregenden Kraft, der Auslenkung und der Geschwindigkeit dargestellt. Man erkennt, dass F_S und die Geschwindigkeit v andauernd gleichgerichtet sind. Das bedeutet, dass die Kraft die Masse stets beschleunigt und nie bremst. Das System nimmt dauernd Energie auf, wodurch die Amplitude über alle Grenzen anwächst.

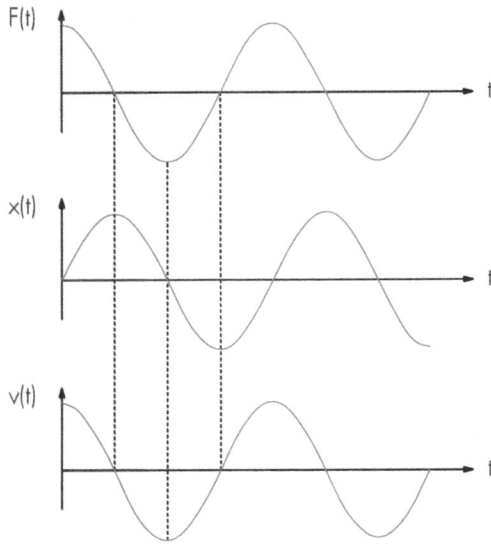

Abbildung 11.9   Kraft-Auslenkung-Geschwindigkeit

11.4.2 Zusammenfassung Resonanz

- Eine periodische Störung zwingt ein schwingfähiges System zum Mitschwingen mit gleicher Frequenz, aber phasenverschoben.
- Das System antwortet mit umso höherer Amplitude, je näher die Störfrequenz an der Resonanzfrequenz liegt und je kleiner die Dämpfungskonstante ist.
- Die Resonanzkurve ist umso schlanker je kleiner δ ist.
- Will man ein System gegebener Dämpfung zu einem Mindestwert seiner Resonanzamplitude anregen (z. B. zu mindestens 50% oder 90%), muss man bei einem schwach gedämpften System die Frequenz «viel besser treffen» als bei einem stark gedämpften System (vgl. Abb 11.10).
- Resonanzvorgänge sind in Natur und Technik weit verbreitet. Viele Erscheinungen der Optik, der Atom- und Kernphysik sind Resonanzphänomene.
- Musikinstrumente z.B. basieren auf Resonanz.
- Elektrische Schwingkreise (Resonanzschwingkreise) werden sowohl im Sender wie auch im Empfänger (Heraushebung der zu empfangenden Frequenz, Abtrennung von anderen Frequenzen) eingesetzt.
- Oft sind Resonanzen unerwünscht, z.B. in Gebäuden, Brücken, Maschinen, wo starke Vibrationen durch rhythmische Stösse (Kolbenmotoren, Unwuchten etc.) ausgelöst werden können und dabei zu Schäden führen.

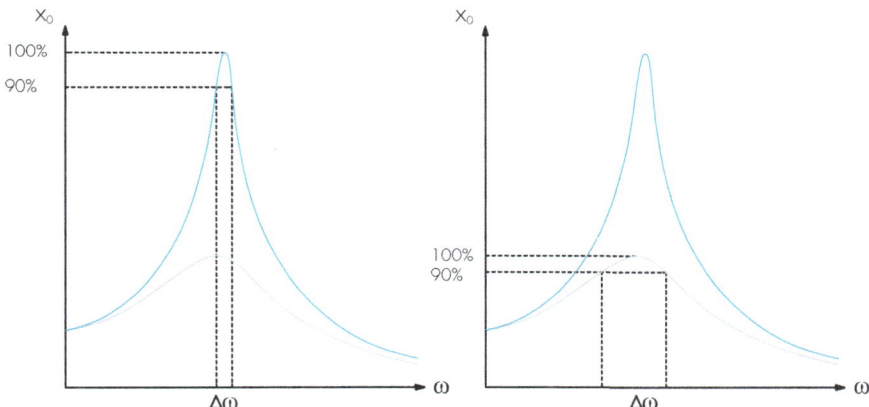

Abbildung 11.10 In schwach gedämpften Systemen muss die Frequenz sehr viel genauer «getroffen» werden als in stark gedämpften, um Resonanz zu erreichen

Kapitel 12
Elektrisches Feld

> When we put an electron in an electric field,
> we say it is «pulled». We then have two rules:
> (a) charges make a field, and (b) charges in fields
> have forces on them and move.
> *The Feynman Lectures on Physics, vol. 2,*
> *Richard P. Feynman* (1964)

Wie in einem Getreidefeld jede Pflanze mit ihrer Ähre an einem bestimmn Ort im Raum steht, eine gewisse Grösse hat und in eine bestimmte Richtung weist, stellt man sich die Kraftwirkung auf elektrische Ladungen auch durch ein Feld vor. Nur sind die Pflanzen nun Vektoren. Mehr dazu weiter unten in diesem Kapitel.

12.1 Elektrische Ladung

Schon in der Antike hatte man folgende Beobachtung gemacht: manche Materialpaare ziehen sich an, manche stossen sich ab (s. Abb. 12.1). Benjamin Franklin lieferte dafür folgende Erklärung: «Jedes Objekt besitzt eine bestimmte Elektrizitätsmenge». Diese Elektrizitätsmenge nennt man die elektrische Ladung. Elektrische Ladung kann von einem Objekt auf ein anderes übertragen werden, z. B. durch Abstreifen. Abstossung und Anziehung bei unterschiedlichen Materialpaarungen erklärt man sich dadurch, dass man zwei Arten von Ladungen annimmt, die als positiv und negativ bezeichnet werden.

Gleichnamige Ladungen stossen sich ab, ungleichnamige ziehen sich an. Im Folgenden wollen wir die Ladung mit dem Buchstaben Q bezeichnen, wenn sie zusammen **mit ihrem Vorzeichen** gemeint ist, mit q, wenn der **Betrag** der Ladung gemeint ist.

S. Rinner, *Physik für Wirtschaftsingenieure*, Schriften zum Wirtschaftsingenieurwesen,
https://doi.org/10.1007/978-3-658-47960-2_12

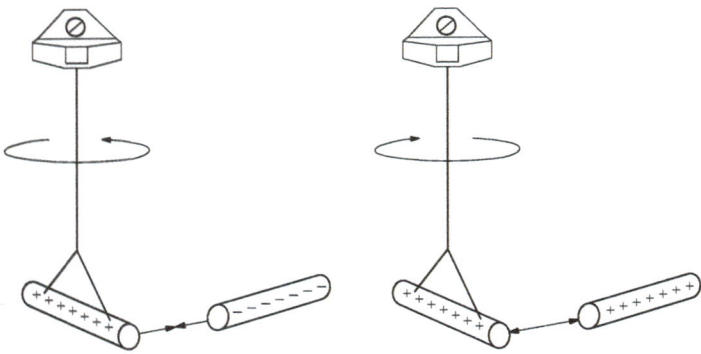

Abbildung 12.1 Anziehung/Abstossung von Ladungen

Um die Mitte des 19. Jahrhunderts entstand die Idee einer kleinsten unteilbaren Menge elektrischer Ladung, u.a. durch Richard Laming, Wilhelm Weber und Hermann von Helmholtz. Dies war, wenn man so will, der Beginn der Quantenphysik. Man sagt: die elektrische Ladung ist **quantisiert**. Damit meint man: es gibt eine kleinste Ladungsmenge, genannt die **Elementarladung e** und alle anderen Ladungsmengen sind ganzzahlige Vielfache davon: $Q = \pm n \cdot e$. Der Betrag der Elementarladung ist $e = 1,602 \cdot 10^{-19}$ C. Als Einheit der Ladung dient das Coulomb (1 C). In Abb. 12.2 ist ein einfaches Gerät zum qualitativen Nachweis elek-

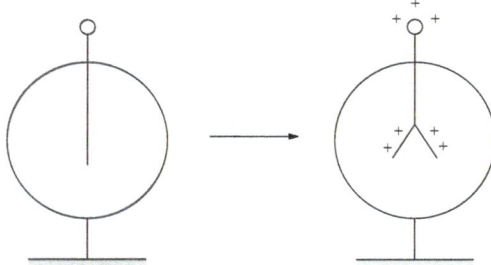

Abbildung 12.2 Elektroskop zur qualitativen Ladungsmessung

trischer Ladung gezeigt, das Elektroskop. Dort ist eine metallische Kugel (oben) mit einem metallischen Stab verbunden, der an seinem Ende zwei bewegliche metallische Plättchen aufweist. Bringt man nun Ladung auf die Kugel (z. B. indem man einen Plastikstab mit einem Tuch durch Reiben auflädt und an der Kugel abstreift), so verteilt sie sich gleichmässig auf das Metall, u. a. natürlich auch auf die beiden Plättchen. Da sie nun beide die gleiche Ladung tragen, stossen sie sich ab. Je grösser die Abstossung umso grösser die Ladungsmenge.

12.1.1 Ladungserhaltung

Für die elektrische Ladung gilt ein wichtiger Erhaltungssatz:

Theorem 12.1 Ladungserhaltungssatz
Einzelladungen können weder erzeugt noch vernichtet werden. Die Gesamtladung eines elektrisch isolierten Systems bleibt konstant.

Demzufolge lässt sich ungeladene Materie nur in gleich grosse negative und positive Ladungen trennen, die Summe der Ladungen bleibt Null.

Theorem 12.2 Elektrischer Gleichstrom
Der gerichtete Transport elektrischer Ladungen durch ein Raumgebiet heisst elektrischer Gleichstrom, falls in gleichen Zeiten gleiche Ladungsmengen transportiert werden. Für konstante Stromstärke I gilt:

$$I = \frac{Q}{t} \qquad\qquad [I] = 1\,A$$

12.2 Elektrische Leiter und Nicht-Leiter

Man unterscheidet Materie nach der Fähigkeit, elektrischen Strom zu leiten.

Elektrische Leiter
Diese Materialien haben eine recht ausgeprägte Fähigkeit, elektrischen Strom zu leiten, denn bei ihnen sind die Elektronen (fast) frei beweglich («freies Elektronengas»). Man nennt diese *Leiter 1. Art.*
Beispiele hierfür sind: Cu, Ni, Fe, Al, Au sowie auch Metall-Legierungen.
Von *Leitern 2. Art* spricht man, wenn Ionen transportiert werden (Elektrolyse). Sie heissen daher auch *Ionenleiter* .

Elektrische Nichtleiter (Isolatoren, Dielektrika)
Bei ihnen sind die Elektronen fest an die Atome gebunden und stehen daher nicht für den Ladungstransport zur Verfügung. Beispiele: Keramik, Plexiglas, Papier.

Halbleiter
Diese nehmen eine Zwischenstellung zwischen den leitenden Metallen und den nicht-leitenden Isolatoren ein. Während Wärmezufuhr den elektrischen Widerstand erhöht, da die Gitteratome mit steigender Temperatur stärker um ihre

Gleichgewichtslage schwingen und so den Stromfluss der Elektronen behindern, kommt bei den Halbleitern noch ein zweiter Effekt hinzu: Bindungselektronen können durch Energiezufuhr (Wärme, Licht) aus der Bindung gelöst werden und können zum Strom beitragen[1]. Halbleiter sind sogenannte «Heissleiter», Metalle gehören zur Gruppe der «Kaltleiter».

Beispiele für Halbleiter: Germanium (Ge) und Silizium (Si) als reine, kristalline Halbleiter und Verbindungen SiC, GaAs, ZnS.

12.2.1 Coulomb-Gesetz

Wie bereits erwähnt, ist es ein experimenteller Befund, dass gleichnamige Ladungen sich abstossen und ungleichnamige Ladungen sich anziehen. Man kann diesen Befund noch etwas quantitativer fassen: man findet, dass die Stärke der abstossenden Kraft direkt proportional zu beiden beteiligten Ladungen ist, und indirekt proportional zum Quadrat des Abstands der zwei Ladungen. Bezeichnet man mit F die Kraft, die Ladung Q_1 auf Ladung Q_2 ausübt, dann lautet die obige Feststellung in eine Formel gebracht:

$$F = C \cdot \frac{Q_1 \cdot Q_2}{r^2} \tag{12.1}$$

mit einer unbekannten Proportionalitätskonstanten C.

Man kann zusätzlich auch noch die Richtung dieser Kraft untersuchen und findet, dass sie stets entlang der Verbindungslinie zwischen beiden Ladungen liegt.

$$\vec{F} = C \cdot \frac{Q_1 \cdot Q_2}{r^2} \vec{e}_r \tag{12.2}$$

Hierbei bezeichnet $\vec{e}_r$ den Einheitsvektor in Richtung der Verbindungslinie. Das kann man auch wie folgt schreiben:

$$\vec{F} = C \cdot \frac{Q_1 \cdot Q_2}{r^2} \frac{\vec{r}}{r} \tag{12.3}$$

Mit der Influenzkonstante $\varepsilon_0 = 8.8542 \cdot 10^{-12} \frac{As}{Vm}$ gilt dann:

Theorem 12.3 Coulomb'sches Gesetz

Eine Punktadung Q_1 übt auf eine zweite Punktladung Q_2 im Abstand r folgende Kraft aus:

$$\vec{F} = \frac{1}{4\pi\varepsilon_0} \cdot \frac{Q_1 \cdot Q_2}{r^2} \cdot \frac{\vec{r}}{r} \tag{12.4}$$

---

1 Das hat z.B. in Fotowiderständen eine Abnahme des elektrischen Widerstands bei steigender Helligkeit zur Folge, was man sich in Lichtschranken oder Helligkeitsmessern zu Nutze macht

Dies ist in Abb. 12.3 für den Fall zweier positiver Ladungen und den Fall zweier ungleichnamiger Ladungen dargestellt. Die Kraft, die auf Q_2 wirkt, geht von der Ladung Q_1 aus und ist mit $\vec{F}$ bezeichnet. Auf Grund des dritten Newton'schen Axioms wirkt aber von Q_2 eine gleich grosse, entgegengesetzt gerichtete Kraft $\vec{F}'$ auf Q_1.

In der Formulierung des Coulomb'schen Gesetzes ist ausdrücklich von zwei Punktladungen die Rede. Sind mehrere Punktladungen vorhanden, erhält man die Kraft auf eine dieser Ladungen, indem man nacheinander die Kräfte der restlichen Punktladungen berechnet und anschliessend vektoriell addiert. So ermittelt man die resultierende Kraft auf Q_1 in Abb. 12.4 wie folgt:

Abbildung 12.3 Coulomb'sches Gesetz

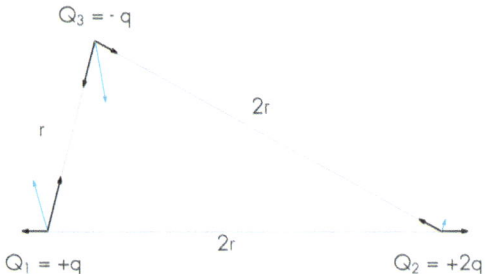

Abbildung 12.4 Drei Punktladungen üben Kräfte aufeinander aus

- Zeichne die Verbindungslinie zwischen Q_1 und Q_2.
- Berechne Betrag der Kraft nach Coulomb.
- Überlege die Richtung der Kraft (hier: abstossend, da gleichnamige Ladungen, also nach links).
- Zeichne den Vektor entsprechender Länge und Richtung entlang der Verbindungslinie.
- Zeichne die Verbindungslinie zwischen Q_1 und Q_3.
- Berechne den Betrag der Kraft nach Coulomb.
- Überlege die Richtung der Kraft (hier: anziehend, da ungleichnamige Ladungen, also schräg nach oben).

- Zeichne den Vektor entsprechender Länge und Richtung entlang der Verbindungslinie.
- Addiere die erhaltenen Vektoren vektoriell.

Das Gleiche wird mit vertauschten Rollen («mutatis mutandis») für die Kräfte auf Q_2 und Q_3 gemacht.

12.3 Elektrisches Feld

Wir haben gesehen, dass die Kraft (Coulomb-Kraft) zwischen elektrischen Ladungen von Abstand und Grösse beider Ladungen abhängig ist. Ein analoges Verhalten kennt man von der Anziehung von Massen, die durch das Gravitationsgesetz beschrieben wird. Das legt folgende Überlegung nahe:
Ähnlich wie bei der Masse das Gravitationsfeld hat man auch für die elektrische Ladung die Vorstellung, dass diese den Raum in ihrer Umgebung verändert und so die Kraftwirkung auf andere Ladungen in diesem «elektrischen Feld» zustande kommt. Das elektrische Feld ist somit eine Grösse, die nur noch von der einen betrachteten Ladung abhängt und diese gewissermassen charakterisiert.

Theorem 12.4   Elektrisches Feld
Eine PunktLadung Q erzeugt ein elektrisches Feld :

$$\vec{E} = \frac{\vec{F}}{q_{pr}} \tag{12.5}$$

Diese Definition enthält bereits die Messvorschrift zur Bestimmung der elektrischen Feldstärke in einem bestimmten Punkt P:

- Man bringt eine positive(!) Probeladung $+q_{pr}$ an den betreffenden Punkt P und misst die Kraft auf diese Ladung (nach Betrag und Richtung).
- Man dividiert die Kraft durch die Probeladung, so dass das Feld unabhängig von Grösse und Vorzeichen der Probeladung wird.

Ist die Feldstärke an einem Punkt bekannt, so lässt sich auf die Kraft schliessen, die eine Ladung dort erfahren wird. Das ist in Abb. 12.5 gezeigt: es herrscht jeweils die Feldstärke E, nur die Ladungen sind unterschiedlich. Links eine positive Ladung der Grösse q, die eine Kraft in Richtung der Feldlinien nach rechts erfährt. In der Mitte eine doppelt so grosse Ladung $2q$, die entsprechend eine doppelt so grosse Kraft nach rechts erfährt. Und rechts eine gleich grosse, negative Punktladung $-q$, die eine gleich grosse, aber entgegengesetzt gerichtete Kraft nach links erfährt.

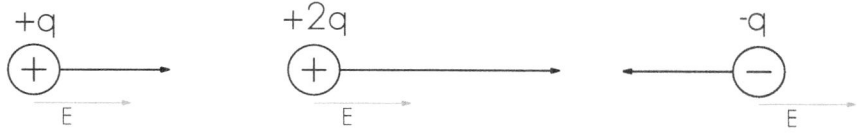

Abbildung 12.5 Wirkung eines konstanten elektrischen Feldes auf verschiedene Ladungen. Der schwarze Pfeil zeigt Richtung und Betrag der Kraft $\vec{F}$

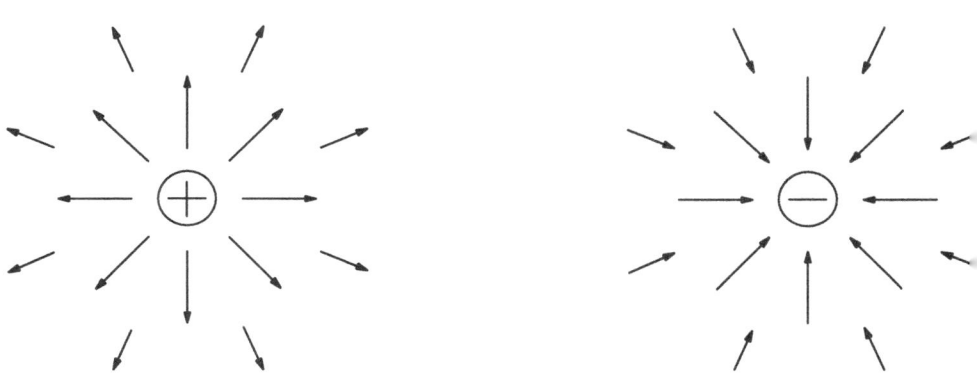

Abbildung 12.6 Das elektrische Feld einer Punktladung

Das elektrische Feld einer positiven und einer negativen Punktladung ist in Abb. 12.6 gezeigt. Man beachte, dass die Feldvektoren von der positiven Punktladung sternförmig wegzeigen und zur negativen Punktladung sternförmig hinzeigen. Das liegt daran, dass in der Definition des elektrischen Feldes eine positive Probeladung herangezogen wurde.

Abbildung 12.7 Die elektrischen Feldstärken der Felder, die durch die Punktladungen erzeugt werden, addieren sich im Punkt P

In Abb. 12.7 ist zu sehen, wie man das elektrische Feld mehrerer Punktladungen an einem bestimmten Ort P erhält: die Ladung $+2q$ erzeugt dort ein nach rechts gerichtetes Feld (Feldvektoren zeigen von positiven Ladungen weg), die Ladung $-q$ erzeugt am selben Ort P ein halb so grosses ebenfalls nach rechts gerichtetes Feld (Feldvektoren zeigen zu negativen Ladungen hin). Beide addieren sich zu dem gezeigten Vektor $\vec{E}(P)$.

12.3.0.1 Elektrische Feldlinien

Möchte man nicht an vielen Punkten viele verschieden lange Vektorpfeile zeichnen und damit Richtung und Stärke des Vektorfeldes visualisieren, gibt es eine alternative einfachere Darstellungsmöglichkeit für das elektrische Feld: Feldlinien. Sie verlaufen so, dass die Vektorpfeile des Vektorfeldes an jedem Punkt der Tangente an die Feldlinien entsprechen. Die Stärke des Feldes wird durch die Dichte der Feldlinien beschrieben (ganz analog zum Strömungsfeld in der Fluidik).

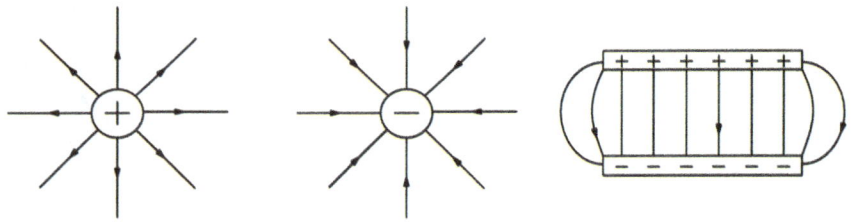

Abbildung 12.8 Feldlinien verschiedener Ladungskonfigurationen

Abb. 12.8 zeigt Beispiele für Feldlininbilder verschiedener Ladungskonfigurationen. Insbesondere der rechts dargestellte Plattenkondensator wird uns noch häufiger begegnen. Eine positiv geladene Metallplatte und eine gleich stark negativ geladene Metallplatte bilden solch einen Kondensator. Wie es sein muss beginnen die Feldlinien auf der positiven Platte und enden auf der negativen. Im Innern ist die Feldstärke homogen (gleiche Abstände der Linien) nach aussen hin verlaufen die Linien nicht mehr gerade, sondern sind etwas gekrümmt. Das meint man, wenn man von Randeffekten beim Plattenkondensator spricht.

Vergleichen Sie die Abb. 12.8 mit der Abb. 12.6. Erkennen Sie den Unterschied zwischen E-Feld und Feldlinien der Punktladungen?

Abb. 12.9 zeigt das Feldlinienbild zweier positiver Punktladungen. Es ist deutlich erkennbar, dass sich Feldlinien nicht kreuzen. Weshalb kann es keinen Schnittpunkt zweier Feldlinien geben? Das versteht man ganz leicht, wenn man sich erinnert, dass der Feldstärkevektor $\vec{E}$ die Tangente an die Feldlinie ist. An einem Schnittpunkt zweier Feldlinien gäbe es demnach zwei unterschiedliche Feldstärkevektoren, d.h. dort wäre die Feldstärke nicht eindeutig. Folglich darf

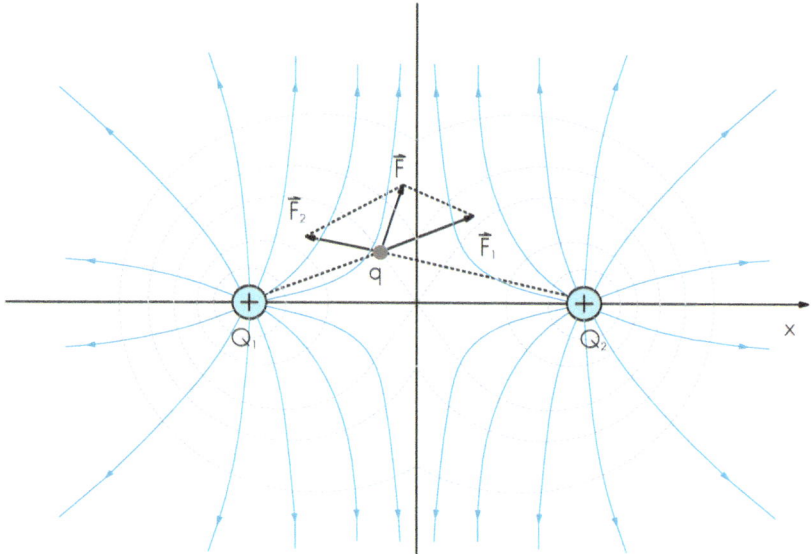

Abbildung 12.9 Die elektrischen Feldlinien zweier positiver Ladungen

es keinen Schnittpunkt geben.

Wir sehen auch noch eine im Vergleich zu den das Feld erzeugenden *grossen* Ladungen Q_1 und Q_2 eine *kleine* Ladung q. Die Ladung q ist im Vergleich der anderen als so klein angenommen, dass man das elektrische Feld, das von ihr erzeugt wird, vernachlässigt. Ausserdem sind zu sehen: die Kräfte $\vec{F}_1$ und $\vec{F}_2$ entlang der Verbindungslinien und die resultierende Gesamtkraft $\vec{F}$, die die Ladung q in diesem Feld erfährt. Die Ladungen Q_1 und Q_2 denke man sich auf irgendeine Weise an ihrem jeweiligen Ort fixiert. Analog stellt Abb. 12.10 das Feldlinienbild eines Dipols (zwei gleich grosse ungleichnamige Ladungen) und dessen Wirkung auf eine Probeladung q dar.

 Zuletzt noch einmal der Blick auf das Feldlinienbild und sein Zustandekommen im Plattenkondensator: wie weiter oben erläutert, dürfen sich Feldlinien nicht kreuzen. In dem vergrösserten Ausschnitt wurde versucht, das Zustandekommen der gerade nach unten verlaufenden Feldlinien plausibel zu machen. Die beiden in verschiedene Richtungen zeigenden Feldstärkevektoren addieren sich vektoriell zu dem nach unten zeigenden Feldstärkevektor.

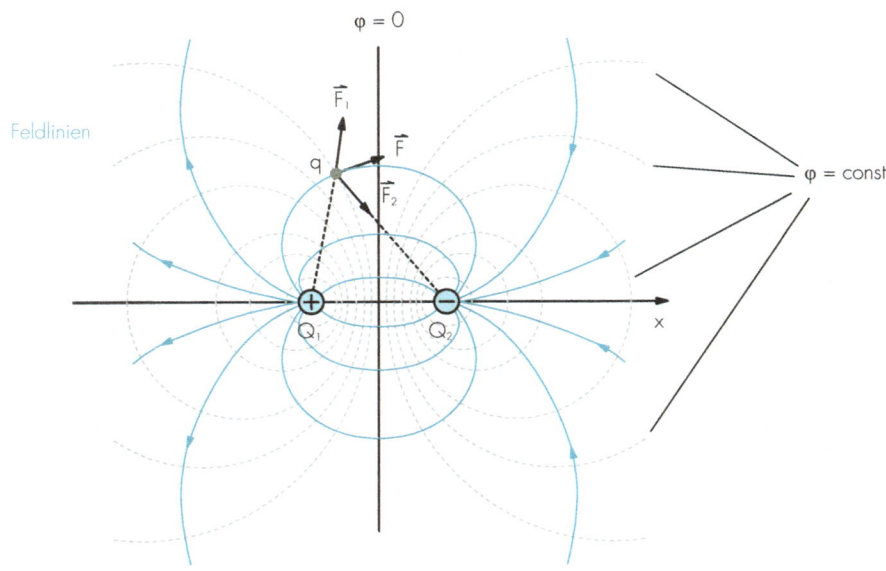

Abbildung 12.10 Die elektrischen Feldlinien eines Dipols (positive und negative Ladung)

12.3.1 Zusammenfassung Feldlinien

– Feldlinien haben einen Anfangs- und einen Endpunkt. Anfangspunkt: positive Ladung, Endpunkt: negative Ladung.
– Das elektrische Feld von ruhenden Ladungen ist ein Quellenfeld (keine geschlossenen Feldlinien!).
   Bem.: Im Falle einer Punktladung liegt die Gegenladung im Unendlichen
– Die Feldlinien stehen immer senkrecht auf einer Leiteroberfläche (s. Kapitel 14).
– Der E-Vektor in einem Punkt ist tangential an die Feldlinie durch diesen Punkt. Die Richtung von E ist die Richtung der Feldlinien.
– Feldlinien kreuzen sich nie.
– Die Dichte der Feldlinien (Feldlinien pro Querschnittsfläche) ist proportional zum Betrag der elektrischen Feldstärke. (Feldstärke ist dort gross, wo die Feldlinien eng nebeneinander verlaufen.) In ebener Darstellung:
   Dichte der Feldlinien $\hat{=}$ Abstand zwischen den Feldlinien.

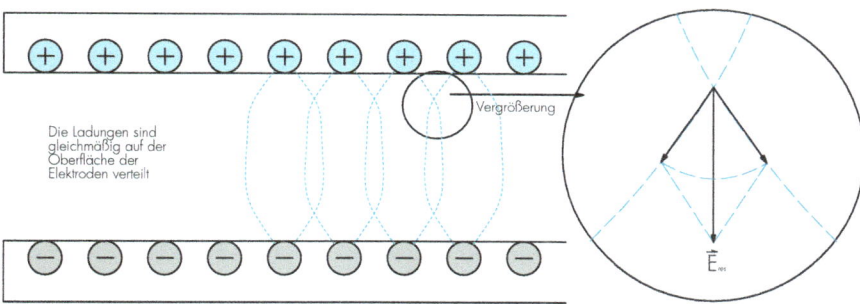

Abbildung 12.11 Die elektrischen Feldlinien zwischen den Platten eines Plattenkondensators

Kapitel 13
Elektrisches Potential und Spannung

13.1 Elektrisches Potential

Im vorangegangenen Kapitel haben wir die Kraft, die auf eine Ladung in Gegenwart anderer Ladungen wirkt, untersucht. Dazu wurde der Begriff des elektrischen Feldes als Vektorfeld eingeführt. Die Kraft auf eine Ladung stellte sich als vektorielle Summe aller vorhandenen Einzelkräfte der Einzelladungen heraus. Viele Einzelkräfte zu berechnen, kann schnell etwas aufwendig werden, da jeweils Betrag und Richtung der Vektoren ermittelt werden müssen.

Analog zum Gravitationsfeld gibt es daher ein alternatives Konzept, mit dem z. B. die Energie oder der Geschwindigkeitsbetrag einer Ladung leicht berechnet werden kann. Dazu führt man das elektrische Potential(feld) von Punktladungen ein. Als skalares Feld sind Berechnungen hiermit wesentlich einfacher als mit Vektorfeldern durchzuführen.

13.1.1 Elektrisches Potential einer Punktladung

Theorem 13.1 Elektrisches Potential einer Punktladung
Das elektrische Potential φ einer Punktladung Q im Abstand r ist definiert durch

$$\varphi(r) = \frac{1}{4\pi\varepsilon_0} \frac{Q}{r}$$

© Der/die Herausgeber bzw. der/die Autor(en), exklusiv lizenziert an Springer Fachmedien
Wiesbaden GmbH, ein Teil von Springer Nature 2025
S. Rinner, *Physik für Wirtschaftsingenieure*, Schriften zum Wirtschaftsingenieurwesen,
https://doi.org/10.1007/978-3-658-47960-2_13

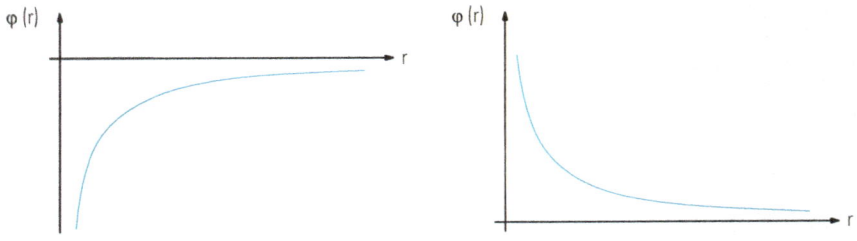

Abbildung 13.1 Potentialverlauf bei (links) negativer und (rechts) positiver Punktladung

Die Abb. 13.2 zeigt den Verlauf der Potentialfunktion für eine negative und eine positive Punktladung.

Theorem 13.2 Potentielle Energie einer Punktladung
Die potentielle Energie einer Punktladung q im Potentialfeld φ einer Punktladung Q im Abstand r ist definiert durch

$$W_{pot}(r) = \frac{1}{4\pi\varepsilon_0} \frac{Q \cdot q}{r}$$

- Um eine positive Probeladung q in die Nähe einer positiven Ladung Q zu bringen, muss man Arbeit aufwenden.
- Bei der Annäherung einer positiven Probeladung $+q$ an eine negative Ladung $-q$ wird Energie freigesetzt.
- Deshalb erzeugt eine positive Ladung ein positives Potential, eine negative Ladung ein negatives Potential.

Man beachte, dass sich die potentielle Energie der Ladung q im Potential der Ladung Q auch so schreiben lässt:

$$W_{pot}(r) = q \cdot \varphi(r), \tag{13.1}$$

wenn $\varphi(r)$ das Potential der Ladung Q ist.

Definition 13.1 Äquipotentialflächen/-linien

Flächen/Linien, auf denen das elektrische Potential einen konstanten Wert hat, heissen Äquipotentialflächen/-linien. Sie stehen stets senkrecht zu den elektrischen Feldlinien.

Hier erschliesst sich, warum es sich lohnt, neben dem elektrischen Feld auch noch die Grösse Potential einzuführen. Das Potential lässt sich leichter berechnen (es ist ja ein skalares Feld) als ein Vektorfeld und trotzdem kann man aus ihm jederzeit das elektrische Feld konstruieren: man verbinde alle Punkte gleichen Potentials und erhalte somit die Äquipotentiallinien. Der elektrische Feldvektor steht dann an jedem beliebigen Ort senkrecht zu diesen Linien.

13.1.2 Elektrisches Potential einer diskreten Ladungsverteilung

Theorem 13.3 Elektrisches Potential einer diskreten Ladungsverteilung
Das elektrische Potential φ von n Punktladungen Q_i im Abstand r_i vom Punkt P ist gegeben durch

$$\varphi(P) = \sum_{i=1}^{n} \varphi_i(r_i) = \frac{1}{4\pi\varepsilon_0} \sum_{i=1}^{n} \frac{Q_i}{r_i}$$

Das bedeutet, dass man die Einzelpotentiale einfach addieren darf. Da der Wert des Potentials ein Skalar ist, ist das wesentlich einfacher als die Addition von Vektoren beim elektrischen Feld.
Die einfachste diskrete Ladungsverteilung besteht aus nur einer Einzelladung (positiv oder negativ).

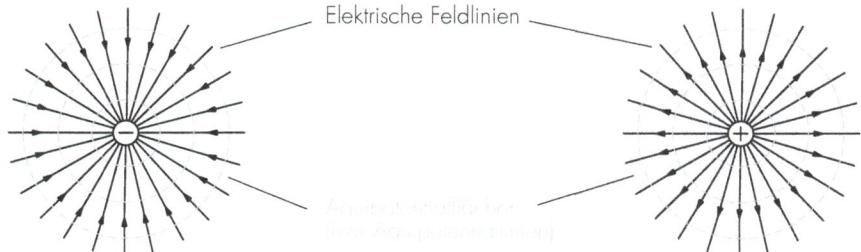

Abbildung 13.2 Feldlinien und Äquipotentiallinien einer (links) negativen und (rechts) positiven Punktladung

In Abb. 13.2 sind die Feldlinien und Äquipotentiallinien zweier Punktladungen gezeigt. Nach der Einzelladung betrachte man nun zwei Einzelladungen.

Sind sie gleich gross und haben unterschiedliches Vorzeichen nennt man diese Ladungsverteilung «Dipol».

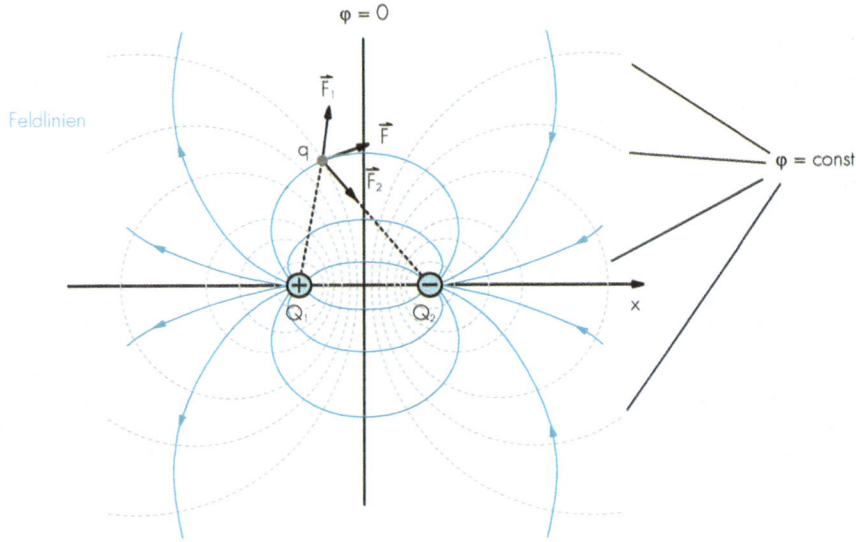

Abbildung 13.3 Feldlinien (blau) und Äquipotentiallinien (grau gestrichelt) eines Dipols

Feldlinienverlauf und Äquipotentiallinien für den Fall eines elektrischen Dipols sind in Abb. 13.3 zu sehen.

Sind die beiden Ladungen identisch (z.B. positiv), zeigt Abb. 13.4 den Verlauf der Feldlinien und der Äquipotentiallinien.

Eigenschaften des Potentials $\varphi(P)$

- $\varphi(P)$ ist unabhängig von der Grösse der Probeladung q.
- $\varphi(P)$ ist unabhängig vom Weg, auf dem die Probeladung q aus dem Unendlichen nach P gebracht wird.
- Die Potentiale mehrerer Ladungen addieren sich.
- Physikalisch relevant sind nur Potentialdifferenzen, nicht die Absolutwerte.
- Der Bezugspunkt für das Potential (der Potentialnullpunkt) ist willkürlich. Er wird aber zumeist ins Unendliche gesetzt (vergleiche Punktladung) beziehungsweise auf die Erde (Erdung).

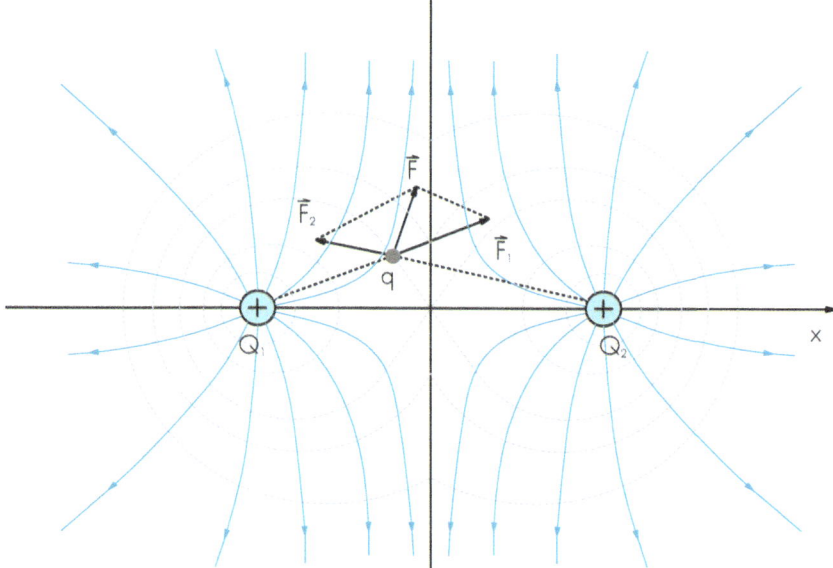

Abbildung 13.4 Feldlinien (blau) und Äquipotentiallinien (grau gestrichelt) zweier positiver Einzelladungen

13.2 Elektrische Spannung

Da der Potentialnullpunkt beliebig gewählt werden darf, sind Absolutwerte des
Potentials nicht besonders aussagekräftig. Was allerdings nicht von der Wahl des
Potentialnullpunkts abhängt, sind die **Potential-Differenzen** zwischen Punkten.
    Das motiviert die folgende Definition:

Theorem 13.4 Elektrische Spannung
*Die elektrische Spannung U_{12} zwischen einem Punkt 1 und einem Punkt 2 ist die Diffe-
renz des Potentials φ_1 am Punkt 1 und des Potentials φ_2 am Punkt 2:*

$$U_{12} = (\varphi_1 - \varphi_2)$$

Die Einheit der Spannung ist das Volt (V).
 An einem einfachen Beispiel soll der Zusammenhang zwischen Potential und
Spannung erläutert werden: in Abb. 13.5 erkennt man die beiden entgegengesetzt
geladenen Platten eines Plattenkondensators, der an einer Spannungsquelle U_0
angeschlossen ist. Ausserdem sind die senkrecht verlaufenden elektrischen Feldlinien mit gleichem horizontalen Abstand (homogenes Feld im Innern des Kon-
densatros) zu sehen. Nach Definition liegen die Äquipotentiallinien senkrecht zu

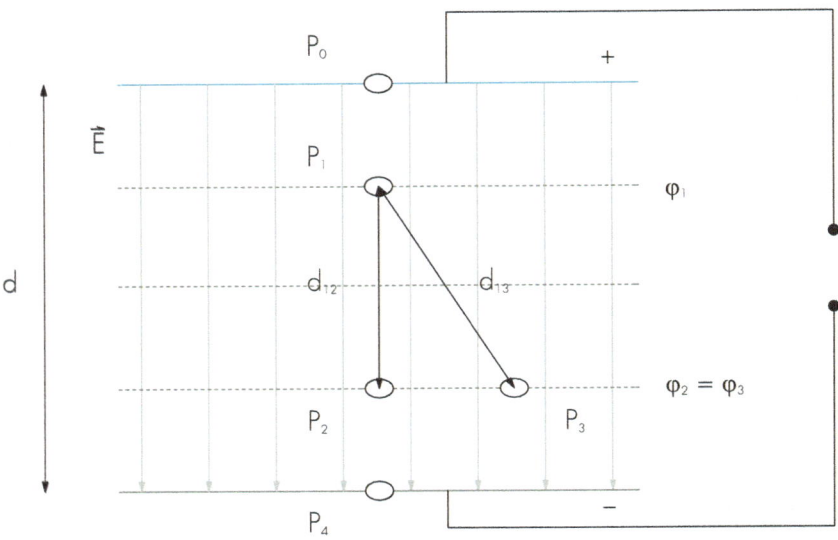

Abbildung 13.5 Potentialdifferenzen (Spannungen) zwischen verschiedenen Punkten im elektrischen Feld des Plattenkondensators

den Feldlinien, sind also hier horizontale Linien. Zudem sind die Punkte P_1 auf Potential φ_1, P_2 auf Potential φ_2 und P_3 auf Potential φ_3 gezeigt.

Theorem 13.5 Zusammenhang Arbeit und Spannung
Die Arbeit, die das E-Feld an einer Ladung Q bei deren Verschiebung von Punkt 1 nach 2 verrichtet, ist das Produkt aus Ladung Q und der Spannung von Punkt 1 gegenüber 2.

$$W_{12} = Q \cdot U_{12}$$

Da die Energien von Ladungen typischerweise in der Grössenordnung von 10^{-19} Joule liegen, hat sich die Einheit Elektronenvolt (eV) etabliert. Dass es sich dabei um eine Energieeinheit handelt, erkennt man daran, dass es ein Produkt aus Ladung (Elementarladung e) und einer Spannung (Einheit Volt) darstellt.

Definition 13.2 Elektronenvolt
Ein Elektronenvolt ist diejenige Energie, die eine Elementarladung beim Durchlaufen einer Spannung von 1 V aufnimmt:

$$1eV = 1e \cdot V = 1.602 \cdot 10^{-19} C \cdot V = 1.602 \cdot 10^{-19} J$$

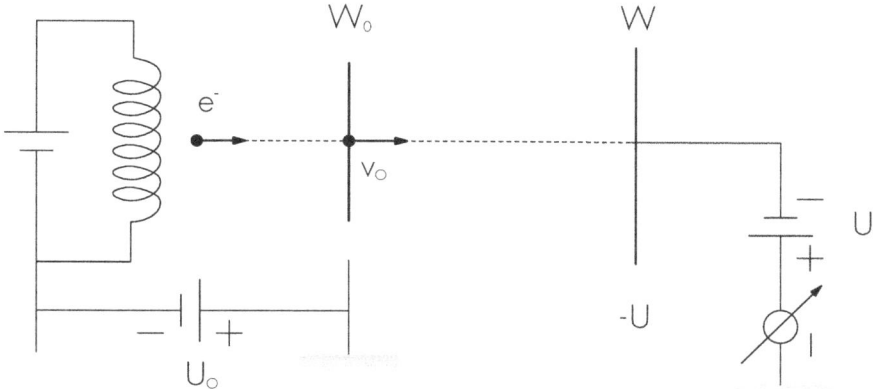

Abbildung 13.6   Gegenfeldmethode

13.2.0.1 Gegenfeldmethode

Diese Methode dient dazu, die Geschwindigkeit von Elektronen zu ermitteln. Dazu heizt man eine Glühwendel (negativ geladen), die dann Elektronen freisetzt. Die Elektronen werden zur ersten Platte (mit Loch) beschleunigt, da diese auf positivem Potential liegt, und haben dort die kinetische Energie

$$W_0 = e \cdot U_0 = \frac{1}{2}m_e \cdot v_0^2$$

Auf dem Weg zur zweiten Platte (negativ geladen) werden sie abgebremst auf eine kinetische Energie

$$W = W_0 - e \cdot U$$

Trotz negativer Spannung können bei nicht zu grosser Spannung U Elektronen auf die Platte gelangen, was zu einem Ausschlag des Amperemeters führt. Allerdings gibt es eine Grenzspannung der zweiten Platte, ab der keine Elektronen mehr auf die Platte kommen. Bei diesem Grenzwert zeigt das Amperemeter die Stromstärke $0A$ an. Für diese Grenzspannung gilt:

$$W_{grenz} = W_0 - e \cdot U_{grenz} = 0$$

$$\frac{1}{2}m_e v_0^2 = e \cdot U_{grenz}$$

$$v_0 = \sqrt{\frac{2e \cdot U_{grenz}}{m_e}}$$

So lässt sich also durch Ablesen der Grenzspannung auf die Geschwindigkeit v_0 der Elektronen schliessen.

13.3 Kontinuierliche Ladungsverteilungen

Definition 13.3 Linienladungsdichte λ
Die Linienladungsdichte einer kontinuierlich und homogen auf einer Linie der Länge ℓ verteilten Ladungsmenge Q ist

$$\lambda := \frac{Q}{\ell}$$

Definition 13.4 Flächenladungsdichte σ
Die Flächenladungsdichte einer kontinuierlich und homogen auf einer Fäche der Grösse A verteilten Ladungsmenge Q ist

$$\sigma := \frac{Q}{A}$$

Definition 13.5 Volumenladungsdichte ρ
Die Volumenladungsdichte einer kontinuierlich und homogen in einem Volumen der Grösse V verteilten Ladungsmenge Q ist

$$\rho := \frac{Q}{V}$$

Die elektrische Feldstärke kontinuierlich verteilter Ladungen zu bestimmen, ist nicht immer ganz einfach. Weist die Ladungsverteilung jedoch eine gewisse Symmetrie auf, so wird die Feldstärkeberechnung durch den Satz von Gauss erheblich erleichtert.

13.4 Satz von Gauss

Der Satz von Gauss eignet sich dazu, das elektrische Feld symmetrischer Ladungsverteilungen zu berechnen. Damit ist diese Berechnungsmethode zwar nur eingeschränkt anwendbar, erlaubt aber auf elegante Weise die Berechnung wichtiger Konfigurationen (geladene Kugel, geladene Platte, geladener Zylinder). Für die Formulierung benötigen wir noch den Begriff des elektrischen Flusses:

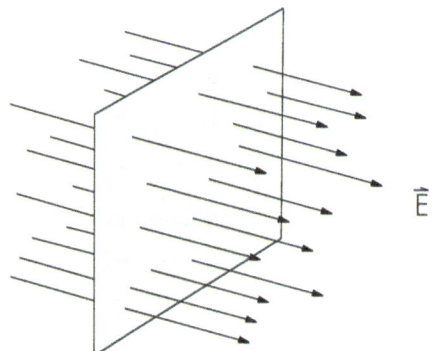

Abbildung 13.7 Zur Veranschaulichung des elektrischen Flusses Ψ

Man denke sich wie in Abb. 13.7 ein E-Feld gegeben. Senkrecht dazu denke man sich nun eine Fläche A. Nun ist anschaulich klar, dass sich die Stärke des E-Felds im Bereich der Fläche A durch die Anzahl N der Feldlinien pro Fläche A ausdrücken lässt:

$$E \sim \frac{N}{A}$$

oder

$$N \sim E \cdot A$$

N gibt also an, wie viel Feldstärke durch die Fläche A «fliesst».
Das motiviert die folgende Definition:

Definition 13.6 Elektrischer Fluss Ψ
Der elektrische Fluss durch eine Fläche mit Normalenvektor $\vec{A}$ im Winkel α zu einem homogenen $\vec{E}$-Feld ist definiert durch

$$\Psi = \vec{E} \cdot \vec{A} = E \cdot A \cdot \cos(\alpha)$$

Eine beliebig geformte, aber geschlossene Fläche wie in Abb. 13.8 wird als *Gauss'sche Fläche* bezeichnet. Feldlinien, die in eine Gauss'sche Fläche eintreten, werden nach Konvention negativ gezählt, solche, die aus der Fläche heraustreten, als positiv.

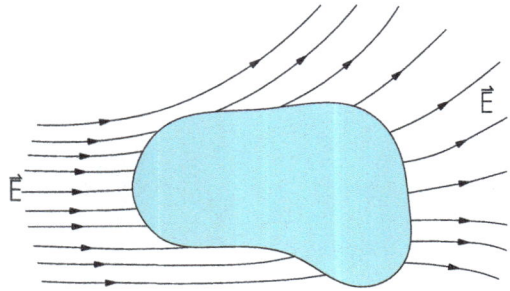

Abbildung 13.8 Eine Gauss'sche Oberfläche wird von elektrischen Feldlinien durchsetzt

Theorem 13.6 Gauss'scher Satz der Elektrostatik
Schliesst eine Gauss'sche Fläche A die Ladung Q_{ein} ein, so gilt

$$\Psi = \frac{Q_{ein}}{\epsilon_0}$$

13.4.0.1 Anwendung Gauss'scher Satz

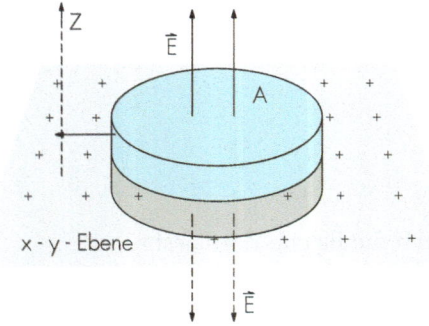

Abbildung 13.9 Der Satz von Gauss zur Berechnung des E-Feldes einer homogen geladenen Ebene

Im Folgenden soll an einem Beispiel die Verwendung des Gauss'schen Satzes zur Berechnung von elektrischen Feldern gezeigt werden.
Man betrachte eine homogen geladene Ebene mit Flächenladungsdichte σ wie in Abb 13.9 zu sehen. Dazu suche man sich passend zu den vorliegenden Symmetrien die Gauss'sche Fläche so, dass Teile davon entweder parallel oder senkrecht zu den Feldlinien stehen.
Im vorliegenden Fall ergibt sich als Gauss'sche Fläche ein Zylinder: dann ist der

E-Vektor auf den Deckflächen senkrecht, zu den Mantelflächen parallel (wie gewünscht). Nur die Deckflächen tragen laut Definition etwas bei: der Fluss durch die obere Deckfläche $E \cdot A$, ebenso der Fluss durch die untere Deckfläche[1], so dass sich als Gesamtfluss ergibt:

$$\Psi = 2 \cdot E \cdot A$$

Die im Zylinder eingeschlossene Ladung entspricht der Ladung auf der Fläche A:

$$Q_{ein} = \sigma \cdot A$$

Laut Gauss'schem Satz gilt nun:

$$2 \cdot E \cdot A = \frac{\sigma \cdot A}{\varepsilon_0}$$

oder

$$E = \frac{\sigma}{2\varepsilon_0}$$

Das ist ein interessantes Ergebnis! Blättern Sie doch einmal vor zu 14.2 oder 16.2! Dort finden Sie für das elektrische Feld eines geladenen Leiters eine ähnliche Formel. Der einzige Unterschied: ein Faktor 2. Der Grund hierfür: hier haben wir den idealisierten Fall einer unendlich ausgedehnten Ebene betrachtet, bei der Feldlinien vom Leiter weg in beide Richtungen verlaufen. Beim Platten- oder Kugelkondensator treten die Feldlinien nur durch eine von zwei Deckflächen einer Gauss'schen Fläche, folglich ist der Fluss durch diese Fläche doppelt so gross.

---

1 $\vec{E}$ und $\vec{A}$ zeigen an der unteren Fläche zwar nach unten, aber beide in dieselbe Richtung, deswegen das positive Vorzeichen für das Produkt $\vec{E} \cdot \vec{A}$

Kapitel 14
Influenz

Und dazu müssen wir die besten Lerner und Entdecker
alles Gesetzlichen und Nothwendigen in der Welt werden:
wir müssen P h y s i k e r sein. Und darum: Hoch die Physik!
La gaya scienza - Die fröhliche Wissenschaft
Friedrich Nietzsche (1844 - 1900)

Unter «Influenz» versteht man die Ladungsverschiebung in einem *Leiter* unter dem Einfluss eines äusseren elektrischen Feldes. In einem Dielektrikum sind die Ladungsträger nicht frei beweglich, trotzdem kommt es unter dem Einfluss eines äusseren elektrischen Feldes zur Ausbildung einer Ladungsdichte an den Oberflächen, die man dort «Verschiebungsdichte» nennt.

14.1 Leiter im elektrischen Feld

Bei einem Leiter handelt es sich um ein Material, in dem sich elektrische Ladungsträger (Elektronen, Ionen) unter der Wirkung eines elektrischen Feldes frei bewegen können. Bringt man solch einen Leiter in ein äusseres Feld, so erfahren die frei beweglichen Ladungsträger eine Kraft.

Abb. 14.1 zeigt das Zustandekommen der Influenzladung bei einem Leiter, der aus einem feldfreien Gebiet (Abb. 14.1 links) in ein äusseres elektrisches Feld gebracht wird. Die mittlere Abbildung zeigt, wie bei Anlegen eines äusseren Feldes die Ladungsträger verschoben werden: die negativ geladenen Elektronen wandern entgegen der Feldrichtung nach links, entsprechend bleiben positive Ladungen auf der rechten Seite zurück. Zwischen den beiden Seiten entsteht ein elektrisches Feld. Dies geschieht so lange, bis das so entstandene innere elektrische Feld das äussere kompensiert, der Innenraum des Leiters feldfrei ist, und Ladungsträger keine weitere Kraft verspüren.

S. Rinner, *Physik für Wirtschaftsingenieure*, Schriften zum Wirtschaftsingenieurwesen,
https://doi.org/10.1007/978-3-658-47960-2_14

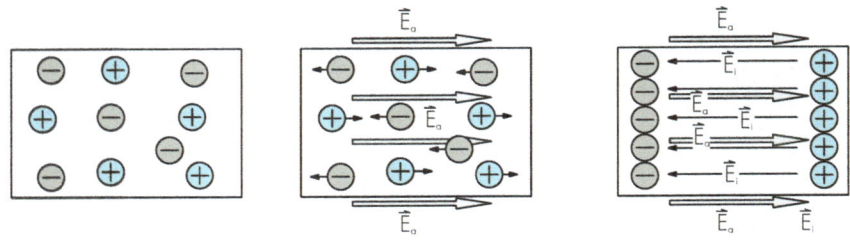

Abbildung 14.1 Zustandekommen der Influenzladungen auf atomarer Ebene

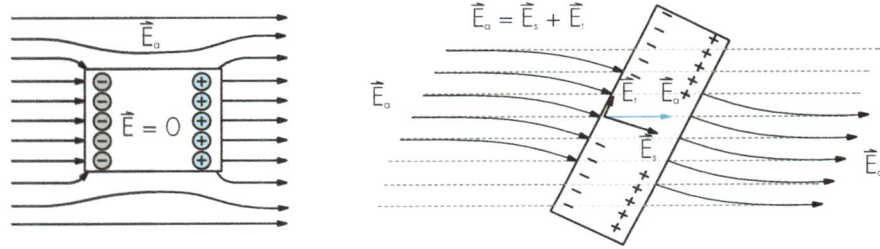

Abbildung 14.2 Influenz, wenn der Leiter in beliebigem Winkel zu den Feldlinien steht

Ist der Leiter in einer beliebigen Orientierung zum elektrischen Feld: Zerlege das äussere Feld E_a in Komponenten senkrecht (E_s) und tangential (E_t) zur Leiteroberfläche. Die senkrechte Komponente bewirkt eine Ladungstrennung (gesamtes Leiterinnere feldfrei), wie gesehen. Die Tangentialkomponente wird durch Ladungsverschiebung zu Null kompensiert (Gleichgewicht! $F_t = 0 \implies E_t = 0$) Wenn $E_t = 0$ an der Oberfläche ist, dann ist das Potential dort $\varphi = $ const. Wir haben damit zusammenfassend folgende wichtige Ergebnisse gefunden:

– Elektrische Felder stehen immer senkrecht auf Leiteroberflächen.
– An Leiteroberflächen herrscht immer konstantes Potential.
– Das Innere eines Leiters ist immer feldfrei.

14.1.1 Influenznachweis

14.1.1.1 Beispiel 1: Mie'sche Platten

In Abb. 14.3 ist ein Versuch zu sehen, mit dem man das Zustandekommen der Influenzladung demonstrieren kann. Dazu werden zwei Metallplatten in Kontakt gebracht und so in das Feld eines Plattenkondensators gehalten. Trennt man die Platten innerhalb des Kondensators, lassen sich auf ihnen Ladungen nachweisen. Trennt man sie dagegen im feldfreien Aussenraum des Kondensators, so ist die Ladungsverschiebung ohne Feld nicht mehr vorhanden und beide Platten sind neutral.

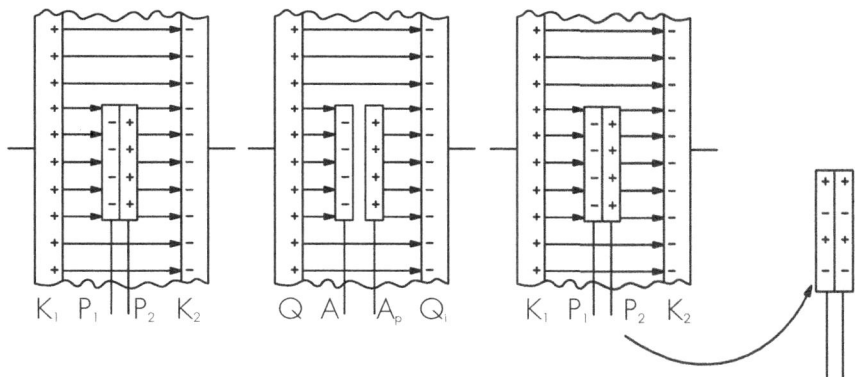

Abbildung 14.3   Trennung von Mie'schen Platten im elektrischen Feld und ausserhalb

14.1.1.2 Beispiel 2: Elektroskop

Bringt man einen positiv geladenen Stab in die Nähe der Kugel eines Elektroskops (Abb. 14.4), so werden im Metall des Elektroskops negative Ladungen in die Kugel nach oben verschoben, die beweglichen unteren Metallplättchen bleiben positiv geladen zurück und stossen sich deshalb ab.

In Abb. 14.5 ist links ein anfänglich neutraler Leiter zu sehen, der eine Ladungsverschiebung erfährt, wenn er in ein äusseres Feld gebracht wird. Das führt dazu, dass sich linke und rechte Seite wie gezeigt entgegengesetzt aufladen und ein inneres elektrisches Feld erzeugen, das dem äusseren entgegengesetzt ist und das dazu führt, dass der Innenraum feldfrei ist.

In der rechten Hälfte ist ein geladener Leiter gezeigt. Die Überschussladung sammelt sich an der äusseren Oberfläche der Kugel, da dort die Ladungen den grösstmöglichen Abstand untereinander haben, was energetisch günstiger ist als eine

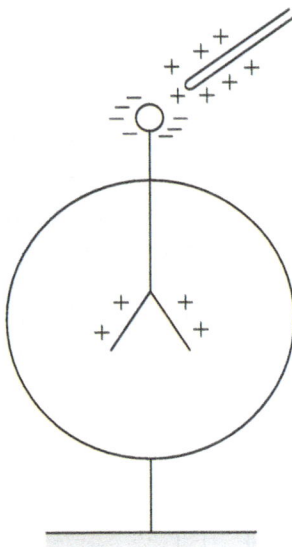

Abbildung 14.4   Influenz am Elektroskop

andere Konfiguration. Sie bilden auf der Oberfläche eine Flächenladungsdichte und ein nach aussen gerichtetes elektrisches Feld, das an jedem Punkt senkrecht zur Leiteroberfläche ist, denn: Feldkomponenten **in** der Oberfläche führen zu Ladungsverschiebungen und zwar so lange bis das von ihnen verursachte Gegenfeld die ursprüngliche Komponente **in** der Oberfläche vollständig kompensiert hat. Zusammenfassend lässt sich festhalten:

– Der Innenraum eines kompakten Leiters ist feldfrei.
– Der Innenraum eines Hohlleiters ist auch feldfrei.
– Der Innenraum eines geladenen Leiters ist auch feldfrei.

14.1.1.3 Influenzladung einer metallischen Hohlkugel

Eine geladene Kugel (Punktladung) innerhalb einer leitenden Hohlkugel trägt wie in Abb. 14.6 gezeigt die Ladung Q. Dadurch wird an der Innenseite der Hohlkugel die Ladung $-Q_i$ (gleich gross wie Q) influenziert. Die Aussenseite der Hohlkugel bleibt positiv geladen mit $+Q_i$ (gleich gross wie Q) zurück. Wie in Abb. 14.6 zu sehen endet jede von der positiven Punktladung im Zentrum ausgehende Feldlinie auf einer an der Innenseite influenzierten negativen Ladung. Jeder dieser negativen Ladungen auf der Innenseite entspricht eine positive Ladung auf der Aussenseite, von der auch wieder eine Feldlinie in den Aussenraum ausgeht. Mit anderen Worten: das Feldlinienbild der Punktladung im Innern lässt sich ungestört durch die Metallkugel in den Aussenraum fortsetzen; und das bedeutet ja wohl, dass das Feld im Aussenraum der Hohlkugel gleich wie das der Punktladung alleine ist.

Bemerkung

Das ist übrigens eine schöne Veranschaulichung des Satzes von Gauss: interpretiert man nämlich die Kugel als Gauss'sche Oberfläche, die die Ladung $+Q$ umschliesst, so ist leicht zu sehen, dass von der eingeschlossenen Ladung ausgehende Feldlinien alle auch durch die Oberfläche gehen. Dass also der elektrische Fluss durch die Oberfläche proportional zur eingeschlossenen Ladung ist.

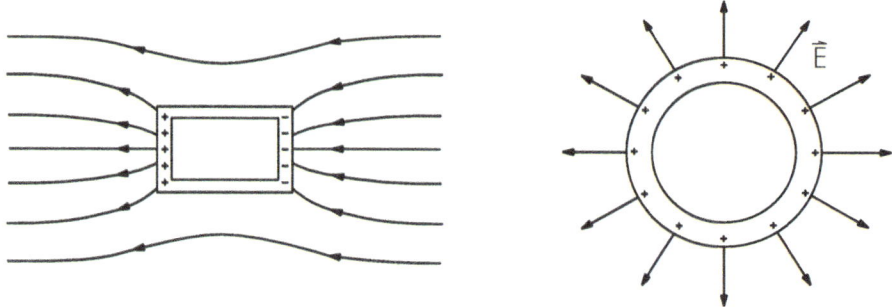

Abbildung 14.5   Der Innenraum eines elektrischen Leiters (links neutral, rechts geladen) in einem äusseren Feld ist feldfrei.

14.1.2 Methode der Spiegelladung

Mit dieser Methode können E-Felder spezieller Geometrien berechnet werden. Nehmen wir an, wir haben eine Konstellation wie in Abb. 14.7 gezeigt vorliegen: eine Ladung vor einer metallischen Platte. Das entstehende E-Feld zu berechnen, ist mit unseren bisherigen Methoden nicht einfach zu bewerkstelligen. Denkt man sich aber das Bild um eine rechte Hälfte symmetrisch ergänzt (Abb. 14.8), so entsteht das Feldlinienbild eines Dipols. Ersetzt man also die leitende Platte durch eine Spiegelladung mit entgegengesetztem Vorzeichen auf der anderen Seite der Platte, wird die Feldberechnung sehr viel einfacher (Dipolfeld).

Das Auftreten einer influenzierten Gegenladung an einer Leiteroberfläche erklärt auch noch ein anderes physikalisches Phänomen: während sich Elektronen

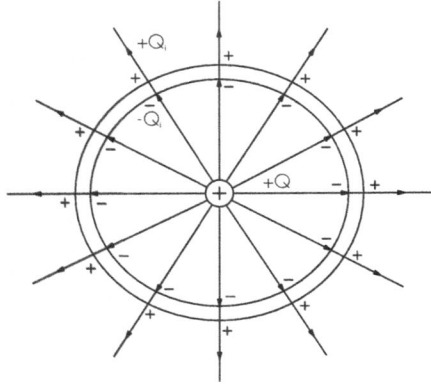

Abbildung 14.6 Hohlkugel aus elektrisch leitendem Material

in einem Leiter relativ frei bewegen können, benötigt es sehr viel mehr Energie, ein Elektron aus dem Metall herauszulösen. Sollte es einem Elektron tatsächlich gelingen, die Leiteroberfläche ein kleines Stück zu verlassen [1], so influenziert es automatisch eine positive Ladung an der Leiteroberfläche, die eine anziehende Kraft ausübt und das Elektron wieder in den Leiter hineinzieht.

14.2 Influenzgesetz

Experimentell findet man für Leiter, die sich in einem äusseren elektrischen Feld befinden (Abb. 14.9): Die influenzierte Ladung Q_i ist proportional:

- zum äusseren elektrischen Feld
- zur projizierten Fläche A_p. A_p ist die Projektionsfläche in Richtung der Feldlinien, da tangentiale Feldkomponenten wie gesehen nichts zur Influenz beitragen

Theorem 14.1 Influenzgesetz
Befindet sich ein Leiter der Fläche A in einem elektrischen Feld E, so wird an seiner Oberfläche eine Ladung Q_i induziert. Es gilt:

$$Q_i = \varepsilon_0 \, E \, A_p = \varepsilon_0 \, \vec{E} \cdot \vec{A}$$

1 indem es z. B. heraustunnelt

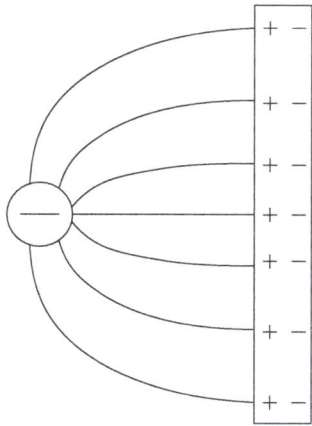

Abbildung 14.7 Ladung vor leitender ebenen Wand erzeugt im linken Halbraum ein E-Feld wie das eines Dipols

14.2.0.1 Interpretation der Influenzgleichung

1. Auf einem Leiter, der senkrecht zu den Feldlinien steht, wird folgende Ladungsdichte influenziert

$$\sigma_i = \frac{Q_i}{A_p} = \varepsilon_0 \cdot E \tag{14.1}$$

2. Auf einem Leiter der Fläche A liege die Ladung Q. Die Oberflächen-Ladung erzeugt an der Oberfläche eine Feldstärke

$$E = \frac{Q}{\varepsilon_0 A_p} = \frac{\sigma}{\varepsilon_0} \tag{14.2}$$

14.2.0.2 Beispiel 1: Feld einer Metallkugel

Eine leitende geladene Metallkugel vom Radius r_0 mit der Ladung Q_0 erzeugt auf ihrer Oberfläche ein elektrisches Feld, das sich mit dem Influenzgesetz wie folgt berechnen lässt ($A_p = 4\pi r_0^2$):

$$E(r_0) = \frac{Q_0}{4\pi\varepsilon_0 r_0^2} \tag{14.3}$$

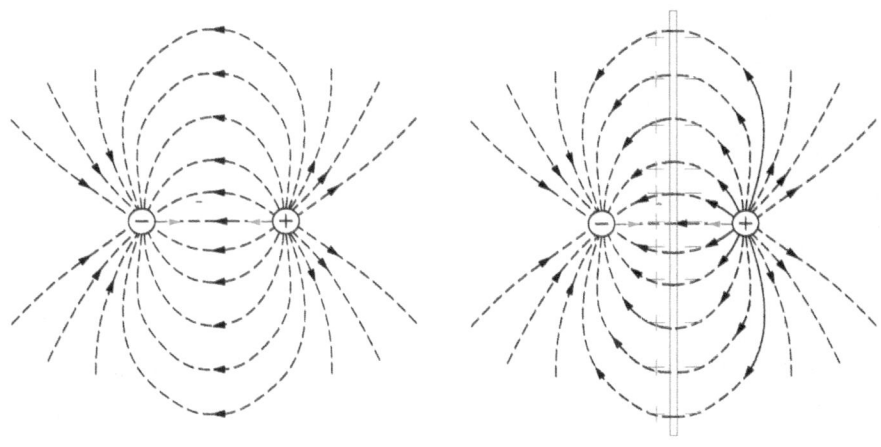

Abbildung 14.8 Methode der Spiegelladung

Dies ist ein interessantes Ergebnis, weil es besagt, dass eine auf der Kugeloberfläche verteilte Ladung am Ort der Oberfläche das gleiche elektrische Feld erzeugt, wie wenn die Ladung im Mittelpunkt der Kugel als Punktladung konzentriert vorläge.

14.2.0.3 Beispiel 2: Unebener Plattenkondensator

Wie verteilen sich die Ladungen auf einer Metallplatte eines Plattenkondensators, wenn sie wie in Abb. 14.11 nicht ganz flach ist? Die Oberfläche eines Leiters
ist eine Äquipotentialfläche, was bedeutet, dass an jeder Stelle einer Kondensatorplatte gleiches Potential herrscht. Folglich ist überall zwischen den Platten die
Spannung U (Potentialdifferenz) gleich. Wegen $U = E \cdot d$ beim Plattenkondensator, muss an Stellen mit kleinerem Abstand d die Feldstärke E grösser sein.

Dieser Anstieg der Feldstärke an Unebenheiten nimmt natürlich mit der Stärke
der Krümmung zu und ist besonders an Spitzen sehr ausgeprägt (s. Abb. 14.12).

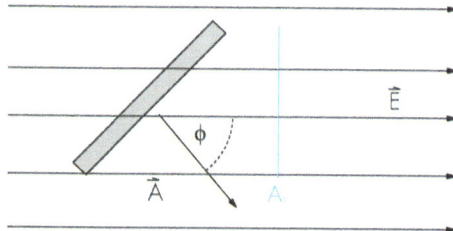

Abbildung 14.9 Zur Erklärung des Influenzgesetzes

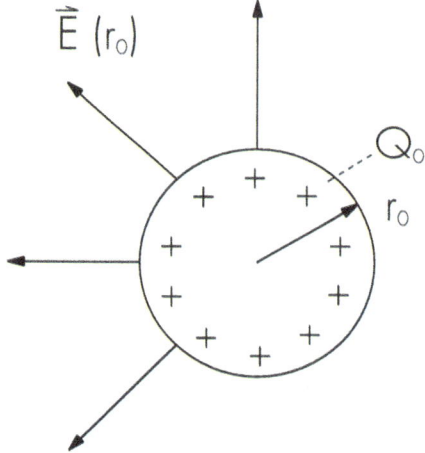

Abbildung 14.10 Leitende geladene Kugel und das resultierende E-Feld

14.2.0.4 Koronaentladungen (Spitzenentladungen)

Unter einer Korona- oder Spitzenentladung versteht man Entladungen, die bei ausreichend grosser elektrischer Feldstärke an Spitzen von elektrischen Leitern auftreten. Abb. 14.13 zeigt eine sogenannte positive Korona-Entladung. Hier ist die Spitze positiv geladen, das führt zu einem starken elektrischen Feld am Ort der Spitze, zu einer Polarisation der Luftmoleküle im Feld und einer Ausrichtung der Luftmoleküle. Ist das Feld stark genug (ab etwa 100 kV/cm), kommt es zu einer Ionisation (Zerreissen im starken Feld) der Luftmoleküle, was eine lokale Leuchterscheinung («Elmsfeuer») und einen Rückstoss auf die Metallspitze zur Folge hat.

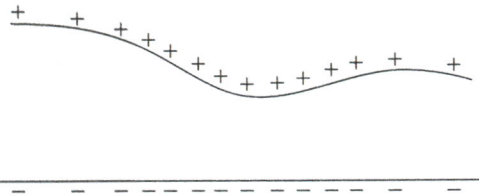

Abbildung 14.11   Durch Unebenheit verursachte Konzentration von Ladungen und damit von Feldlinien

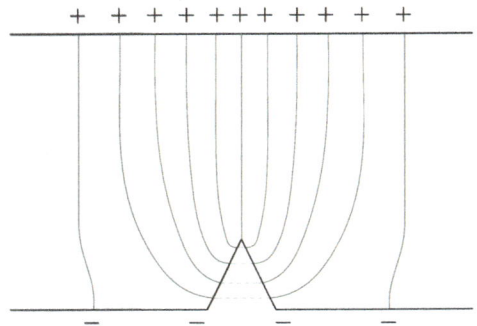

Abbildung 14.12   Die elektrischen Feldlinien an einer leitenden Spitze

Technische Anwendungen von Koronaentladungen

Koronaentladungen sind teils unerwünschte Erscheinungen in technischen Anwendungen, teils werden sie gezielt auch in technischen Anwendungen eingesetzt.

Ein geringer Anteil der Verluste an Freileitungen ist auch auf Koronaentladungen zurückzuführen (ein Freileitungskabel weist auch eine gekrümmte Leiteroberfläche auf und kann so als Spitze wirken). Man nimmt das häufig als Knistern der Luft wahr, Staubteilchen in der Luft werden aufgeladen und es führt manchmal auch zu Funkstörungen. Um diese Verluste zu vermeiden, werden Freileitungen sehr häufig zu sog. Bündelleitern zusammengefasst (zwei bis acht Leitungsdrähte nebeneinander mit Abstandshaltern getrennt); das entspricht einer (effektiven) Vergrösserung des Radius eines zylindrischen Einzelleiters um einen Faktor, der mehr als das Zehnfache betragen kann.[2]

Eine technische Anwendung findet die Korona-Entladung beim Fotokopier-Gerät. Hier werden eine Reihe sehr dünner Metalldrähte (Wolfram oder Kupfer) an eine hohe negative Spannung ($\sim$ 15 kV) gegenüber der Kopiertrommel

2 K. Kumpfmüller, W. Mathis, A. Reibinger: Theoretische Elektrotechnik, 18. Auflage, Springer-Verlag, 2008, S. 184-187.

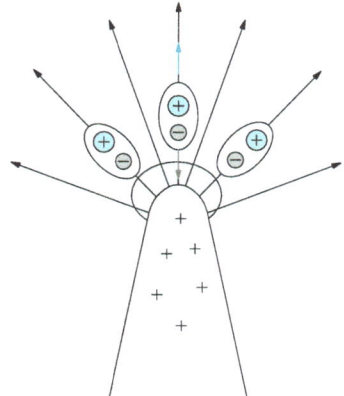

Abbildung 14.13 Positive Korona-Entladung

gelegt, die mit einer fotoaktiven Schicht überzogen ist. Diese wird erst bei Lichteinfall elektrisch leitend. Die hohe Spannung bewirkt eine Ionisation der Luft, die negativ geladenen Ionen werden zur positiv geladenen aktiven Schicht gezogen und bleiben dort, wo sie auf dem auf der Trommel liegenden Papier negative Ladungen influenzieren. Wird nun belichtet, so wird an Stellen, auf die Licht trifft, die aktive Schicht leitend und es kommt zum Ladungsausgleich zwischen Papier und Trommel. Stellen auf dem Papier, die dunkel waren, bleiben negativ geladen (da die aktive Schicht darunter nicht belichtet wurde). Nun bringt man positiv geladene Toner-Teilchen auf das Papier, wodurch diese an den lichtundurchlässigen Stellen haften bleiben.

Eine weitere technische Anwendung stellt die Koronabehandlung dar. Darunter versteht man das oberflächliche Aufrauen und Aktivieren nichtleitender Oberflächen (z. B. Kunststoffe) durch Koronaentladungen. Dadurch erreicht man eine verbesserte Verklebbarkeit oder Haftung. Manche Kunststoffe können überhaupt erst nach solch einer Behandlung laminiert oder beschichtet werden.

Kapitel 15
Elektrische Netzwerke

Ja, saadan var det, saadan vokser Ens Væsen
med Ens Viden, klares deri, samles igjennem
den. Det er saa skjønt at lære som at leve.
Vær ikke bange for at miste dig selv i større
Aander end din egen.
Niels Lyhne, Jens Peter Jacobsen (1847-1885)

Unter einem elektrischen Netzwerk (oder einem elektrischen Stromkreis) versteht man eine Schaltung aus Quellen und Verbrauchern, die durch elektrische Leitungen miteinander verbunden sind. Im Folgenden erläutere ich kurz, wie man elektrische Netzwerke analysieren kann und führe bei dieser Gelegenheit den Jargon der Elektrotechnik ein.

15.1 Netzwerkberechnung

15.1.1 Ideale Quellen

Wir behandeln zwei Arten von Quellen des elektrischen Stroms.

15.1.1.1 Ideale Stromquelle

Eine ideale Stromquelle ist ein aktiver Zweipol, d. h. es liegen zwei Anschlüsse (Klemmen/Pole) vor, an denen ein konstanter Strom geliefert wird. Die ideale Stromquelle ist eine Idealisierung für eine Quelle mit unendlich hohem Innenwiderstand. Das Schaltsymbol ist in Abb. 15.1 zu sehen. Die Richtung des Stroms wird durch einen Pfeil angegeben.

Abbildung 15.1 Symbol für ideale Stromquelle

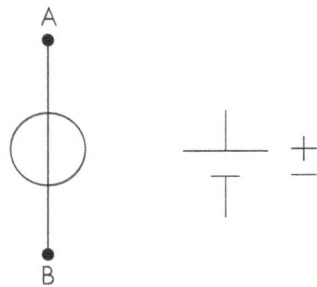

Abbildung 15.2 Symbol für ideale Spannungsquelle

15.1.1.2 Ideale Spannungsquelle

Eine ideale Spannungsquelle ist ein aktiver Zweipol, der an den beiden Klemmen A und B eine konstante Spannung liefert. Die Spannung ist der Potentialunterschied zwischen Pluspol und Minuspol. Die ideale Spannungsquelle ist eine Idealisierung für eine Quelle mit unendlich kleinem Innenwiderstand (Näheres dazu später). Das Schaltsymbol ist in Abb. 15.2 zu sehen.

Die Richtung des Stroms ist nach Konvention immer vom Plus- zum Minuspol und wird durch einen Pfeil angegeben.

Definition 15.1 Technische Stromrichtung
Unter der technischen Stromrichtung versteht man die Strömungsrichtung positiver Ionen, z. B. in einem Elektrolyt.

Definition 15.2 Physikalische Stromrichtung
Unter der physikalischen Stromrichtung versteht man die Strömungsrichtung von Elektronen in einem Leiter.

Technische und physikalische Stromrichtung sind einander entgegengesetzt. Wir verwenden ausschliesslich die technische Stromrichtung, die immer von Plus nach Minus gerichtet ist.

15.1.2 Elektrische Verbraucher

Als Verbraucher werden in der Netzwerkwerkanalyse alle passiven Elemente, wie Ohm'sche Widerstände, Dioden, Leuchtdioden etc. bezeichnet. Als Ohm'schen Widerstand bezeichnet man einen Verbraucher, bei dem ein Teil der potentiellen Energie der Ladungsträger in Wärme umgewandelt wird und der einen linearen Zusammenhang zwischen Stromstärke durch den Widerstand und Spannung über dem Widerstand aufweist. Die atomare Vorstellung ist die von relativ ortsfesten Atomrümpfen, die die Strömung der Ladungsträger im Leiter behindern.
Die Ladungträger haben grössere potentielle Energie, wenn sie in den Verbraucher eintreten als wenn sie ihn wieder verlassen, d.h. es gibt eine Potentialdifferenz zwischen der Eingangs- und Ausgangsseite, weshalb man auch sagt: «über dem Verbraucher fällt eine Spannung ab».

15.1.2.1 Verbraucherpfeilsystem

Das Verbraucherpfeilsystem ist eine Vereinbarung darüber, wie Spannungs- und Stromrichtung relativ zueinander zu zählen sind. Man vereinbart:

> **Definition 15.3**   Verbraucherpfeilsystem
> *Spannungsrichtung und Stromrichtung sind am Verbraucher gleich gerichtet.*

Diese Konvention (mehr ist es ja nicht) ist in Abb. 15.3 dargestellt. Man beachte, dass Spannungs- und Stromrichtung im Erzeuger (Spannungsquelle) in entgegengesetzte Richtungen zeigen.

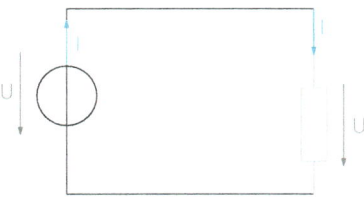

Abbildung 15.3   Richtungskonventionen im Verbraucherpfeilsystem

15.2 Ohm'scher Widerstand

Bei vielen Materialien findet man über einen weiten Bereich experimentell eine lineare Abhängigkeit von Strom und Spannung. D.h. legt man über solch einen Verbraucher eine elektrische Spannung an, so beginnt ein Strom zu fliessen, und zwar bei doppelter Spannung auch doppelter Strom usw.

Theorem 15.1 Ohm'scher Widerstand
Bei einem Ohm'schen Widerstand hängen Stromstärke und Spannung linear zusammen:

$$U = R \cdot I$$

Die Proportionalitätskonstante R heisst Ohm'scher Widerstand.

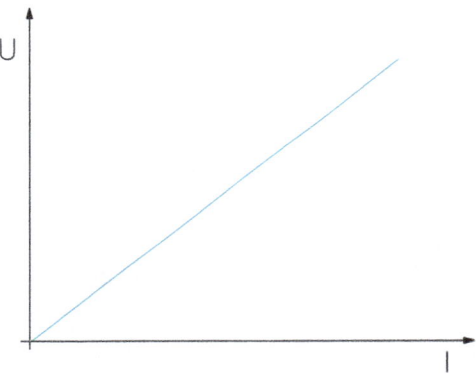

Abbildung 15.4 Lineare U-I-Kennlinie

Diese lineare Abhängigkeit äussert sich grafisch natürlich in Form einer Geraden wie in Abb. 15.4 zu sehen. Dies nennt man die U-I-Kennlinie des Ohm'schen Widerstands.

15.2.1 Spezifischer Widerstand

Experimentell findet man, dass der Ohm'sche Widerstand direkt proportional zur Länge ℓ und indirekt proportional zur Querschnittsfläche A des Leiters ist. Die Proportionalitätskonstante heisst spezifischer Widerstand ρ.

Definition 15.4   Spezifischer Widerstand
Der spezifische Widerstand eines Leiters ist

$$\rho = R \cdot \frac{A}{\ell}$$

Liegt mehr als ein Ohm'scher Widerstand vor, so gibt es verschiedene Möglichkeiten, diese in einem Netzwerk zu kombinieren. Die zwei häufigsten stelle ich im Folgenden vor.

15.2.2 Reihenschaltung von Widerständen

Sind Widerstände hintereinander geschaltet, so dass sie vom selben Strom durchflossen werden, so liegt eine Reihen- oder Serienschaltung vor. Diese kann durch einen einzigen sogenannten Ersatzwiderstand ersetzt werden, ohne dass sich an den Stromstärken und Spannungen im Netzwerk sonst etwas ändert. Da sich die

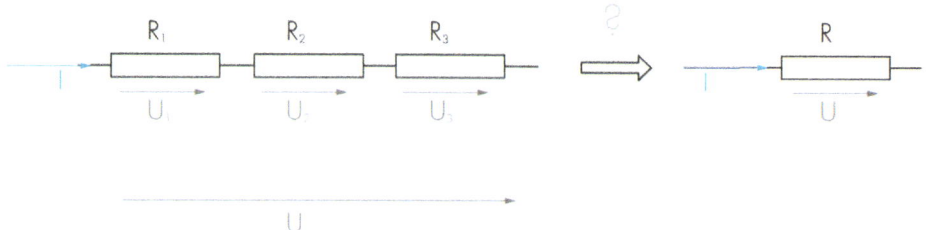

Abbildung 15.5   Ersatzwiderstand für drei in Reihe geschaltete Widerstände

Spannung U auf die Teilspannung U_1, U_2 etc. aufteilt (s. Abb. 15.5), gilt:

$$U \;=\; U_1 + U_2 + U_3 \tag{15.1}$$
$$\frac{U}{I} \;=\; \frac{U_1}{I} + \frac{U_2}{I} + \frac{U_3}{I} \tag{15.2}$$
$$R \;=\; R_1 + R_2 + R_3 \tag{15.3}$$

Theorem 15.2   Reihenschaltung
Der Ersatzwiderstand bei einer Reihenschaltung von Widerständen ist:

$$R = \sum_k R_k$$

15.2.3 Parallelschaltung von Widerständen

Liegt über Widerständen dieselbe Spannung, so liegt eine Parallelschaltung vor. Diese kann durch einen einzigen sogenannten Ersatzwiderstand ersetzt werden, so dass sich an den Stromstärken und Spannungen im Netzwerk sonst nichts ändert. Da sich der Strom I auf die Teilströme I_1, I_2 etc. aufteilt (s. Abb. 15.6),

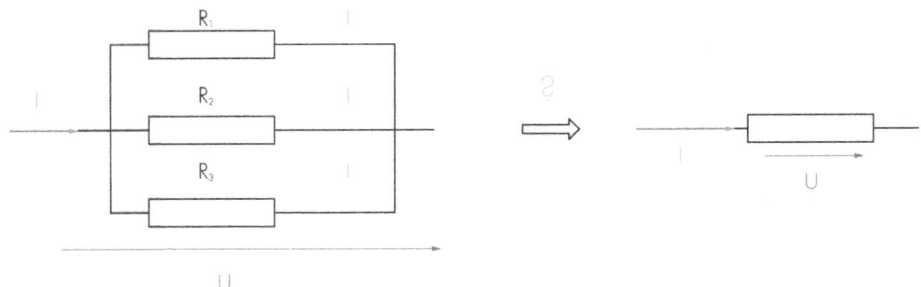

Abbildung 15.6 Ersatzwiderstand für drei parallel geschaltete Widerstände

gilt:

$$I = I_1 + I_2 + I_3 \tag{15.4}$$

$$\frac{I}{U} = \frac{I_1}{U} + \frac{I_2}{U} + \frac{I_3}{U} \tag{15.5}$$

$$\frac{1}{R} = \frac{1}{R_1} + \frac{1}{R_2} + \frac{1}{R_3} \tag{15.6}$$

Theorem 15.3 Parallelschaltung
Der Ersatzwiderstand bei einer Parallelschaltung von Widerständen ist:

$$R = \left(\sum_k \frac{1}{R_k} \right)^{-1}$$

Nicht immer sind Parallelschaltungen so einfach zu erkennen wie in Abb. 15.6. Eine Hilfestellung: lassen sich die Pole der Widerstände jeweils leitend verbinden, liegt eine Parallelschaltung vor. Der Grund: leitende Verbindung bedeutet gleiches Potential und damit gleiche Potentialdifferrenz (Spannung) zwischen den Polen.

15.3 Kirchhoff'sche Gesetze

15.3.1 Erstes Kirchhoff'sches Gesetz - Knotensatz

Definition 15.5 Knoten
Als Knoten bezeichnet man Verzweigungspunkte in elektrischen Netzwerken (Schaltkreisen), in die Ströme hineinfliessen oder aus ihnen herausfliessen können.

Ein Knotenpunkt ist in Abb. 15.7 dargestellt.

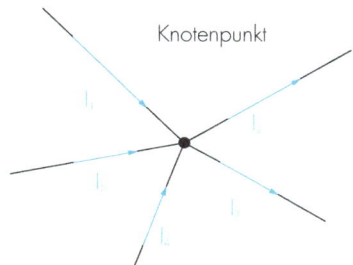

Abbildung 15.7 Knoten in einem Netzwerk

Theorem 15.4 Knotensatz
Die Summe aller in einen Knoten hinein- und aus ihm herausfliessenden Ströme ist Null.

$$\sum_{k=1}^{N} I_k = 0 \tag{15.7}$$

- Da die Ladung erhalten bleiben muss, muss genau so viel Ladung in einen Knoten hinein- wie herausfliessen.
- Knoten werden mit grossen lateinischen Buchstaben (A, B, C,...) bezeichnet.
- Ströme in den Knoten hinein werden positiv gezählt, Ströme vom Knoten weg negativ.

15.3.2 Zweites Kirchhoff'sches Gesetz - Maschensatz

Definition 15.6 Masche
Als Masche bezeichnet man einen geschlossenen Umlauf in elektrischen Netzwerken (Schaltkreisen).

Eine Masche ist in Abb. 15.8 dargestellt.

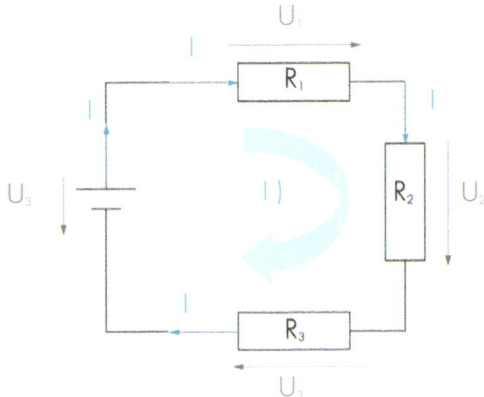

Abbildung 15.8 Masche in einem Netzwerk

Für Maschen gelten folgende Regeln:

- Man darf beliebig einen «Umlaufsinn» wählen (Bezeichnet mit römischen Zahlen, I, II, III, etc.).
- Spannungen in derselben Richtung wie der Umlaufsinn werden positiv gezählt, Spannungen in der Gegenrichtung negativ.
- Eine Masche darf beliebig gross gemacht werden.
- Eine Masche darf keine Stromquelle enthalten.

Theorem 15.5 Maschensatz
Die Summe aller in einer Masche auftretenden Spannungen ist Null.

$$\sum_{k=1}^{N} U_k = 0 \qquad\qquad (15.8)$$

Der Maschensatz sollte einleuchtend sein: startet man z. B. bei einer Teilspannung $U_1 = (\varphi_1 - \varphi_2)$ und addiert alle weiteren Potentialdifferenzen $U_2 = (\varphi_2 - \varphi_3), \dots U_N = (\varphi_N - \varphi_1)$ dazu bis man wieder am Ausgangswiderstand angekommen ist, so bleibt am Ende aus obiger Folge von Differenzen noch $(\varphi_1 - \varphi_1) = 0$.

15.4 Reale Spannungsquelle

Der Strom, der vom einen Pol einer Spannungsquelle zum anderen fliesst, muss auch durch das Innere der Quelle fliessen. Dort gibt es einen Elektrolyt (bei Batterie) oder Leitungen (bei Generator), die selbst einen Widerstand aufweisen. Dies führt dazu, dass die Quelle selbst einen «Innenwiderstand» R_i aufweist. Dies hat zur Folge, dass die Spannung an den Klemmen der Quelle davon abhängt, welche Last an die Quelle angeschlossen wird. Wie dies zustande kommt, kann man sich wie folgt überlegen.

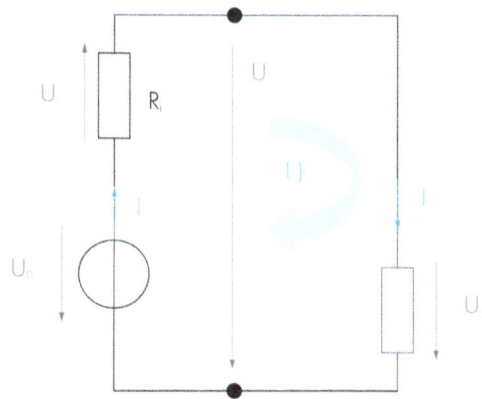

Abbildung 15.9 Reale Spannungsquelle

Betrachten Sie Abb. 15.9: die Spannung U an den Klemmen entspricht der Spannung U_1 über dem Widerstand R_1. Ausserdem gilt nach dem Maschensatz:

$$U - U_0 + R_i \cdot I = 0 \tag{15.9}$$

D. h. die Spannung U an den Klemmen hängt von der Stromstärke I ab, und diese hängt bei festem Innenwiderstand R_i der Quelle nur von der angeschlossenen Last R_1 ab. Das ergibt die U-I-Kennlinie der realen Spannungsquelle:

$$U(I) = U_0 - R_i \cdot I \tag{15.10}$$

Die Kennlinie ist in Abb. 15.10 dargestellt. Wie an Gleichung 15.10 ersichtlich, handelt es sich dabei um eine Geradengleichung mit der Steigung

$$R_i = -\frac{\Delta U}{\Delta I}$$

und mit einem Schnittpunkt mit der U-Achse bei U_0.

- U_0 heisst «Leerlaufspannung» (wenn kein Strom fliesst).
- I_K heisst «Kurzschlussstrom» (wenn die Quelle kurzgeschlossen wird und keine Spannung mehr über dem äusseren Widerstand abfällt).

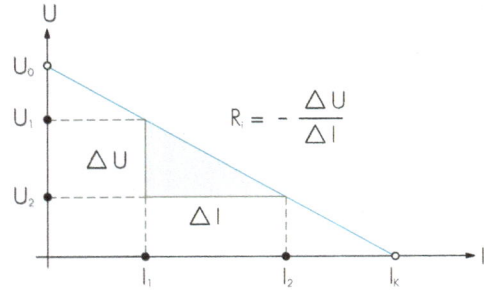

Abbildung 15.10   Kennlinie einer realen Spannungsquelle

15.5 Elektrische Energie und Leistung

Wir beschränken uns noch immer auf den Fall von Gleichstromkreisen. Wir wissen bereits[1], dass das Produkt aus Ladung und Spannung die Einheit einer Energie darstellt:

$$W = U \cdot Q$$

Aus der Definition der Stromstärke lässt sich das auch so schreiben:

$$W = U \cdot I \cdot t$$

Theorem 15.6   Elektrische Energie
Die elektrische Energie im Gleichstromkreis ist gegeben durch

$$W = U \cdot I \cdot t \tag{15.11}$$

Daraus ergibt sich auch auch das Folgende.

Theorem 15.7   Elektrische Leistung
Die elektrische Leistung im Gleichstromkreis ist gegeben durch

$$P = U \cdot I \tag{15.12}$$

1 Erinnern Sie sich an das «Elektronenvolt» als elektrische Energie-Einheit?

Hat man nur die Spannung oder nur die Stromstärke gegeben, ergeben sich für die in einem Widerstand R umgesetzte Leistung mit dem Ohm'schen Gesetz auch leicht folgende Zusammenhänge

$$P = \frac{U^2}{R} \tag{15.13}$$

$$P = I^2 \cdot R \tag{15.14}$$

15.6 Wechselstromkreise

Ändert der Strom in einem Stromkreis periodisch seine Richtung, so spricht man von «Wechselstrom», die sich ergebende Spannung heisst «Wechselspannung». Wir wollen uns hier auf den wichtigsten Fall einer periodischen Änderung beschränken: die sinusförmige Wechselspannung:

$$u(t) = \hat{u} \cdot \sin(\omega \cdot t)$$

Die relevanten Grössen sind in Abb. 15.11 abgebildet. Dabei bedeutet:

- ①: Amplitude $\hat{u}$
- ②: Spitze-Tal-Wert (PV: «peak-to-valley»)
- ③: Effektiv-Wert U ($\approx 70\%$ der Amplitude)
- ④: Periodendauer T

Man beachte auch die geänderte Verwendung der Symbole: Wechselspannung und Wechselstromstärke werden zur Unterscheidung vom Gleichstromfall mit kleinen Buchstaben bezeichnet.

In der Tat treffen wir bei Wechselstromkreisen auf ganz neue erstaunliche Phänomene: ein Kondensator stellt keine unüberbrückbare Unterbrechung des Stromkreises dar, sondern wird - genauso wie eine Spule - zu einem frequenzabhängigen Widerstand. Das macht sie zu wichtigen Bauteilen für Wechselstromkreise und durch ihre Kombination lassen sich elektrische Schwingkreise und elektrische Filter verwirklichen. Die Schaltsymbole für die Widerstände in Wechselstromkreisen sind in Abb. 15.12, 15.13 und 15.14 abgebildet.

Die Frequenzabhängigkeit des induktiven und kapazitiven Blindwiderstands führt zu Phasenverschiebungen zwischen der Stromstärke und der Spannung in einem Wechselstromkreis, d. h. anders als im Gleichstromkreis mit Ohm'schen

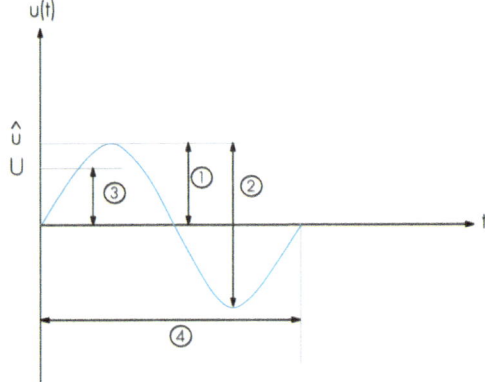

Abbildung 15.11 Kenngrössen des Wechselstroms und der Wechselspannung

Abbildung 15.12 Symbol für eine Kapazität C (Kondensator)

Widerständen alleine, können Stromstärke und Spannung in Wechselstromkreisen je nach Grösse des Blindwiderstands zu verschiedenen Zeitpunkten ihre Maximalwerte erreichen (s. Abb. 15.15).

Betrachtet man eine sinusförmig sich ändernde Wechselspannung, die zum Zeitnullpunkt bei Null beginnt und anwächst wie in Abb. 15.15 (graue Kurve) zu sehen, dann führt das Vorhandensein von Induktivitäten (Spulen) und/oder Kapazitäten (Kondensatoren) im Stromkreis zu einer bestimmten Phasenverschiebung φ zwischen Strom und Spannung.

$$u(t) = \hat{u} \cdot \sin(\omega \cdot t)$$

$$i(t) = \hat{i} \cdot \sin(\omega \cdot t + \varphi)$$

Ist in unserem Beispiel $\varphi > 0$, so ist der Strom (türkis) wie gezeigt nach links verschoben[2]: er erreicht sein Maximum im Beispiel zum Zeitpunkt $t = 0$, also früher als die Spannung. Man sagt, die vorliegende Impedanz sei «ohm'sch-kapazitiv»[3]

Der komplexe Widerstand $\underline{Z}$ wird als «Scheinwiderstand» oder «Impedanz» bezeichnet und setzt sich zusammen aus einem reellen Anteil, der «Wirkwiderstand» heisst, und einem imaginären Anteil, der «Blindwiderstand» genannt wird.

---

2 Man merke sich: positive Phasenverschiebung bedeutet Verschiebung nach links, eine negative Phase eine Verschiebung nach rechts, wie man sich durch Einsetzen leicht klarmacht.

3 Die Merksätze lauten «Induktivitäten - Ströme sich verspäten» und «Kondensator - Strom eilt vor».

Abbildung 15.13   Symbol für eine Induktivität L (Spule)

R

Abbildung 15.14   Symbol für einen Ohm'schen Widerstand R

Definition 15.7   Komplexe Impedanz
Unter der Impedanz versteht man die komplexe Zahl

$$\underline{Z} = R + j \cdot X \tag{15.15}$$

wobei R der ohm'sche (Wirk)Widerstand und $X = X_L = \omega \cdot L$ oder $X = X_C = -\frac{1}{\omega \cdot C}$ der induktive oder kapazitive Blindwiderstand (Reaktanz) ist.

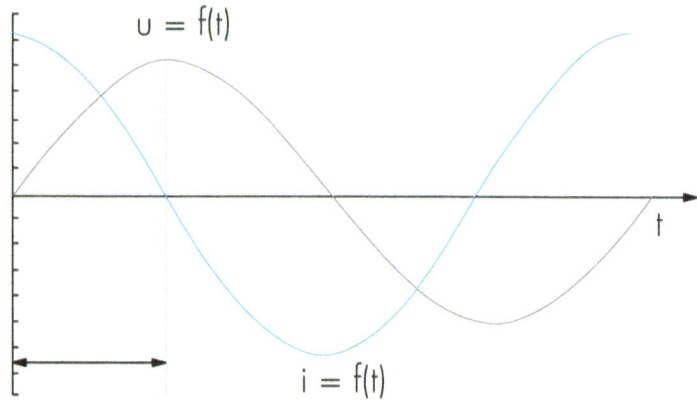

Abbildung 15.15   Phasenverschiebung zwischen Wechselstrom und -spannung

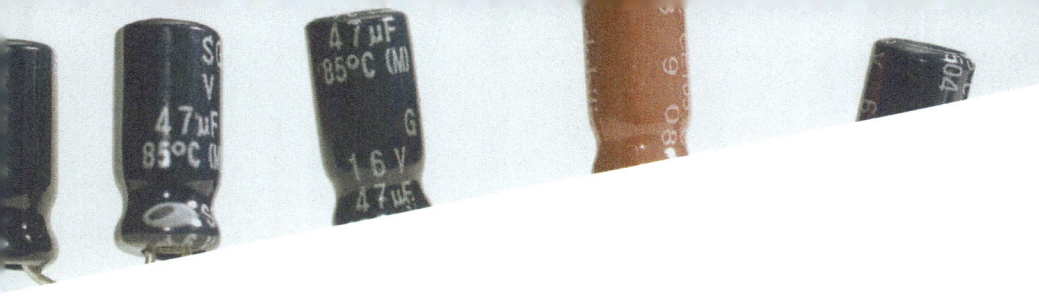

Kapitel 16
Kapazität

Wir hatten in Kapitel 13 gesehen, dass in einem elektrischen Feld Energie gespeichert ist. Eine Möglichkeit, elektrische Energie zu speichern, betrachten wir in diesem Kapitel genauer. Es handelt sich dabei um das elektrische Feld zwischen zwei entgegengesetzt geladenen Flächen (Kondensator).

16.1 Kapazität

Definition 16.1   Kapazität
Unter der Kapazität eines Kondensators versteht man das Verhältnis von gespeicherter Ladung Q zu angelegter Spannung U

$$C = \frac{Q}{U} \qquad\qquad [C] = 1\,F\,(Farad) \qquad\qquad (16.1)$$

Die Kapazität ist ein Mass für das Ladungsfassungsvermögen bei gegebener Spannung. Mit Hilfe des Gauss'schen Satzes und der Gauss'schen Fläche aus Abb. 16.1 findet man für das elektrische Feld zwischen zwei mit $\pm Q$ geladenen Platten:

$$E = \frac{Q}{\varepsilon_0 \cdot A} \qquad\qquad (16.2)$$

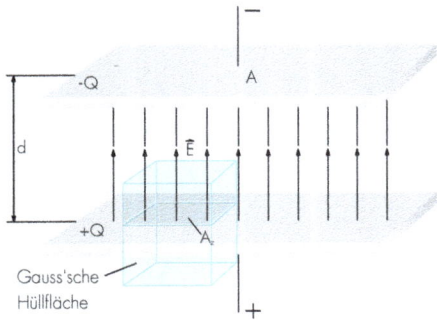

Abbildung 16.1 Gaussscher Satz

16.1.1 Plattenkondensator

Mit Hilfe der Definitionsgleichung ergibt sich daraus für die Kapazität:

Theorem 16.1 Kapazität Plattenkondensator
Die Kapazität eines Plattenkondensators (Plattenfläche A, Plattenabstand d) ist:

$$C = \frac{\varepsilon_0 \cdot A}{d}$$

Daraus ist zu sehen, dass sich die Kapazität mit wachsendem Plattenabstand verkleinert. Da C aber durch Spannung und Ladung definiert ist, stellt sich die Frage, wie diese beiden Grössen zum Sinken der Kapazität beitragen. Prinzipiell gibt es dafür ja zwei Möglichkeiten: einerseits kann die Ladung auf den Platten kleiner werden (dazu muss sie abfliessen können), andererseits kann die Spannung steigen (dazu darf der Kondensator nicht an einer Konstantquelle angeschlossen sein). Die beiden Fälle etwas detaillierter im Folgenden.

16.1.1.1 Kondensator mit Spannungsquelle verbunden ($U =$ const.)

Die Situation ist in Abb. 16.2 illustriert. Wegen

$$E = \frac{U}{d}$$

wird mit steigendem Abstand die elektrische Feldstärke kleiner. Das geht wegen

$$Q = \varepsilon_0 \cdot E \cdot A$$

einher mit einem Absinken der Ladung.

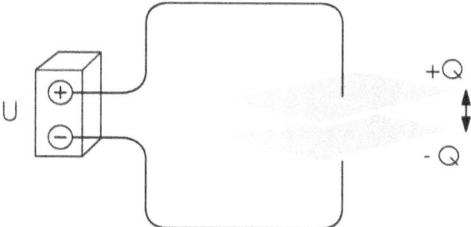

Abbildung 16.2   Kondensator an konstanter Spannung

16.1.1.2 Kondensator von Spannungsquelle getrennt (Q = const.)

Wird, wie in Abb. 16.3 zu sehen, der Kondensator von der Spannungsquelle entfernt, kann diese keine Ladung nachliefern oder aufnehmen, die Ladungsmenge auf den Platten bleibt also konstant. Wegen

$$E = \frac{Q}{\varepsilon_0 \cdot A}$$

ist die elektrische Feldstärke in diesem Fall auch konstant. Dann muss aber wegen

$$U = E \cdot d$$

bei zunehmendem Abstand d die Spannung ebenfalls zunehmen.

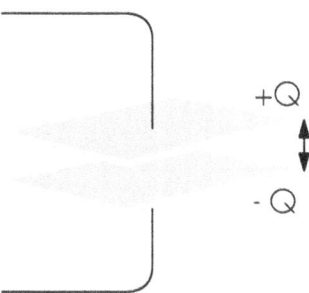

Abbildung 16.3   Kondensator mit konstanter Ladung

Nun muss die Leiteroberfläche, auf der sich die Ladung befindet, natürlich nicht zwingendermassen eben sein. Es gibt noch andere Ausführungsformen des Kondensators. Nur erwähnt (weil z. B. als Koaxialkabel weit verbreitet) sei hier der Zylinderkondensator, bei dem die beiden Flächen durch zwei konzentrische zylindrische Flächen gebildet werden.

Wie eine einzelne leitende Kugeloberfläche als Kondensator aufgefasst werden kann, will ich im folgenden Abschnitt erläutern.

16.1.2 Kugelkondensator

Um die Kapazität eines Kugelkondensators herzuleiten, verwende ich Ergebnisse aus früheren Kapiteln und verwende die Methode der Analogieschlüsse. Von bereits Bekanntem durch Analogieschlüsse auf neue Ergebnisse zu kommen, ist ein wichtiges und oft gebrauchtes Werkzeug in der Physik.

Wie wir in Kapitel 14 gesehen haben, ist das elektrische Feld an der Oberfläche der Kugel das gleiche wie das Feld einer Punktladung im Mittelpunkt. Folglich ist auch das Potential, das an der Kugeloberfläche herrscht, das gleiche wie das einer Punktladung im Mittelpunkt, also

$$\varphi(r_0) = \frac{1}{4\pi\varepsilon_0} \frac{Q}{r_0}$$

Wir haben in Kapitel 13 die Konvention getroffen, das Potential im Unendlichen auf Null zu setzen.

Zum eigentlichen Ziel (Kapazität bestimmen) führen folgende Überlegungen: auf einer leitenden Kugel mit Radius r_0 befinde sich verteilt die Ladung $+Q$ (s. Abb. 16.4). Von den positiven Ladungen auf der Kugeloberfläche gehen Feldlinien aus, die im Unendlichen enden.

In die Kapazitätsberechnung gehen Ladung und Spannung ein. Da die Ladung bekannt ist, gilt es noch, die Spannung zwischen der Kugeloberfläche und der zweiten Fläche im Unendlichen (dort, wo die Feldlinien enden) zu ermitteln. Dazu erinnere man sich an die Definition der Spannung als Potentialdifferenz:

$$U(r_0) = \varphi(r_0) - \varphi(\infty) = \frac{1}{4\pi\varepsilon_0} \frac{Q}{r_0}$$

Damit folglich:

Theorem 16.2   Kapazität Kugelkondensator

$$C = \frac{Q}{U} = \frac{4\pi\varepsilon_0 r_0 Q}{Q} = 4\pi\varepsilon_0 r_0$$

16.2 Gespeicherte Energie im Kondensator ohne Dielektrikum

Wir stellen uns die Frage, wie viel Energie nötig ist, um einen Plattenkondensator auf die Spannung U aufzuladen.

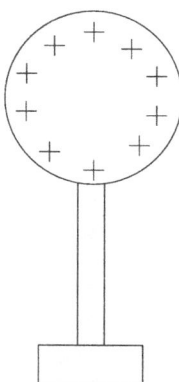

Abbildung 16.4 Kugelkondensator

Dazu stelle man sich vor, auf der positiv geladenen Kondensatorplatte befinde sich bereits eine gewisse Ladungsmenge Q, die wir um eine infinitesimal kleine Ladungsmenge dQ erhöhen wollen (vgl. Abb. 16.5). Die Batterie holt diese Ladung von der negativ geladenen Platte und transportiert sie über die Spannung U auf die positive Platte. Dazu ist eine infinitesimale Arbeit $dW = dQ \cdot U$ zu verrichten. Die insgesamt bis zur Spannung U_0 zu verrichtende Arbeit ergibt sich durch Integration von $U = 0$ bis $U = U_0$:

$$W = \int_0^{U_0} dW = \int_0^{U_0} U \cdot dQ = \int_0^{U_0} U \cdot C \cdot dU = \frac{1}{2} C \cdot U_0^2$$

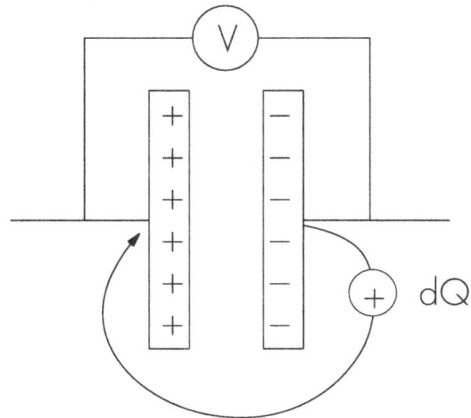

Abbildung 16.5 Arbeit und Energie im elektrischen Feld

- Beim Laden des Kondensators wird Arbeit verrichtet.
- Die zum Laden aufgewandte Energie wird genutzt, um das elektrische Feld aufzubauen.
- Die im Kondensator gespeicherte elektrische Energie entspricht der Energie des elektrischen Feldes.

Fällt Ihnen an dieser Auflistung auf, dass wir von einem Spezialfall (Arbeit, die man aufwenden muss, um einen Plattenkondensator zu laden) zu einer allgemeinen Aussage über elektrische Felder gelangt sind?

Theorem 16.3   Energie des elektrischen Feldes
Die in einem Plattenkondensator (Volumen zwischen den Platten V) gespeicherte Energie ist gegeben durch:

$$W = \frac{1}{2}\varepsilon_0 \cdot E^2 \cdot V$$

(Herleitung s. Vorlesung)

Theorem 16.4   Energiedichte des elektrischen Feldes
Die Energiedichte des elektrischen Feldes ist gegeben durch:

$$w = \frac{dW}{dV} = \frac{1}{2}\varepsilon_0 \cdot E^2$$

16.3 Kraftwirkung auf Kondensatorplatten

Offensichtlich erfahren die Platten eines Plattenkondensators, da sie entgegengesetzt geladen sind, eine anziehende Kraft. Die Grösse dieser Kraft soll nun untersucht werden.
Wie im vorangegangenen Abschnitt gesehen, ist im elektrischen Feld des Kondensators Energie gespeichert. Wirkt, wie in Abb. 16.6 zu sehen, eine anziehende Kraft auf die Platten, verringert sich der Abstand und die im Feld gespeicherte Energie nimmt gemäss Gleichung 16.2 ab (sie wird ja gebraucht, um die Platte zu verschieben!). Die bei einer infinitesimal kleinen Verschiebung dx an der Platte verrichtete Arbeit dW ist gegeben durch

$$dW = F \cdot dx$$

Damit folgt:

$$F = \frac{dW}{dx} = \frac{w \cdot dV}{dx} = \frac{\frac{1}{2}\varepsilon_0 \cdot E^2 \cdot A \cdot dx}{dx} = \frac{1}{2}\varepsilon_0 \cdot E^2 \cdot A = \frac{1}{2}\varepsilon_0 \cdot \left(\frac{U}{d}\right)^2 \cdot A$$

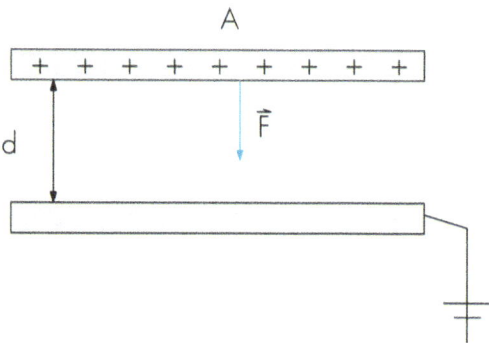

Abbildung 16.6 Kraft auf eine Platte

16.4 Isolatoren im Kondensator

Befindet sich statt Luft ein Dielektrikum im elektrischen Feld eines Kondensators, ergeben sich interessante neue Phänomene.
Dazu zunächst zwei neue Begriffsdefinitionen.

Definition 16.2 Relative Permittivitätszahl ε_r
Die relative dielektrische Permittivität ε_r ist eine Materialeigenschaft und i. d. R. frequenz- und temperaturabhängig.

Definition 16.3 Permittivitätszahl ε
Die dielektrische Permittivität(szahl) ε ist gegeben durch das Produkt der relativen Permittivitätszahl ε_r und ε_0, der Permittivität des Vakuums:

$$\varepsilon = \varepsilon_r \cdot \varepsilon_0 \tag{16.3}$$

Die Permittivität gibt die Durchlässigkeit von Dielektrika für elektrische Felder an.

16.4.1 Molekulare Betrachtung von Dielektrika

Bei der molekularen Betrachtung der Dielektrika lässt sich Folgendes feststellen:

– Das Dielektrikum ist nach aussen hin neutral.
– Es besteht aus Dipolen, die nicht ausgerichtet sind.

- Im elektrischen Feld des Kondensators richten sich die Dipole aus.
- An der Oberfläche des Dielektrikums bildet sich eine Oberflächenladungs-schicht $\sigma_{geb.}$ aus.

Je nachdem, ob der Kondensator an eine Spannungsquelle angeschlossen ist oder nicht, hat die Ausbildung der Oberflächenladungsschicht unterschiedliche Auswirkungen.

16.4.1.1 Dielektrikum im Kondensator bei $U = const.$

Ist eine Spannungsquelle angeschlossen, bedeutet dies, dass diese nach Bedarf von den Platten Ladungen aufnehmen oder nachliefern kann. Wodurch wird dies nötig?

Nun, die Oberflächenladungsschicht des Dielektrikums influenziert zusätzliche Ladungen auf den Kondensatorplatten, die irgendwoher kommen müssen. Damit steigt die Ladung auf den Platten auf den Wert Q_D.

Da aber die Netto-Ladung im Dielektrikum gleich bleibt, ist dort auch das elektrische Feld unverändert zur Situation mit leerem Zwischenraum.

$$Q_D = \varepsilon_r Q_0 \tag{16.4}$$

16.4.1.2 Dielektrikum im Kondensator bei $Q = const.$

Ist keine Spannungsquelle angeschlossen, bleibt die Ladung auf den Platten unverändert.

Die Oberflächenladungsschicht des Dielektrikums (s. Abb. 16.7) kann im Gegensatz zu $U = const.$ nun keine zusätzlichen Ladungen auf den Platten influenzieren. Vielmehr erzeugt die Oberflächenladungsschicht nun ein Gegenfeld zu dem Feld des Kondensators, schwächt dieses demnach (s. Abb. 16.8).

Man könnte sich das auch so vorstellen, dass die Oberflächenladung auf dem Dielektrikum einen Teil der Kondensatorladung neutralisiert. Wenn die Feldstärke sinkt, sinkt aber auch die Spannung (da der Abstand unverändert bleibt) mit Dielektrikum auf den Wert:

$$U_D = \frac{1}{\varepsilon_r} U_0 \tag{16.5}$$

In Abb. 16.9 ist der Spannungsverlauf zwischen den Platten eines Kondensators für die drei Fälle (Vakuum, Metall und Dielektrikum) dargestellt.

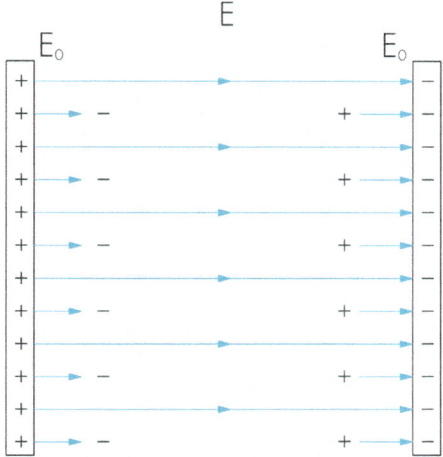

Abbildung 16.7 Oberflächenladung an den Seiten des Dielektrikums

Die Gleichungen 16.5 und 16.4 führen dazu, dass in beiden Fällen ($U = const.$ und $Q = const.$) die Kapazität des Kondensators um den Faktor ε_r ansteigt:

Theorem 16.5 Kapazität mit Dielektrikum
Befindet sich im Zwischenraum zwischen den Platten eines Kondensators der Kapazität C_0 ein Dielektrikum mit ε_r, so steigt die Kapazität auf den Wert

$$C_D = \varepsilon_r C_0 = \varepsilon_r \varepsilon_0 \frac{A}{d} \tag{16.6}$$

16.5 Gespeicherte Energie im Kondensator ohne Dielektrikum

16.5.0.1 Zusammenfassung

Bringt man ein Dielektrikum (Isolator) in den Zwischenraum zwischen die Platten eines Plattenkondensators, so dass dieses den ganzen Zwischenraum ausfüllt, hat das folgende Konsequenzen:

- Die Kapazität des Kondensators steigt um den Faktor ε_r.
- Die Energie des elektrischen Feldes steigt um den Faktor ε_r.
- Die Energiedichte des elektrischen Feldes steigt um den Faktor ε_r.
- Die Kraft zwischen den Platten des Kondensators steigt um den Faktor ε_r.

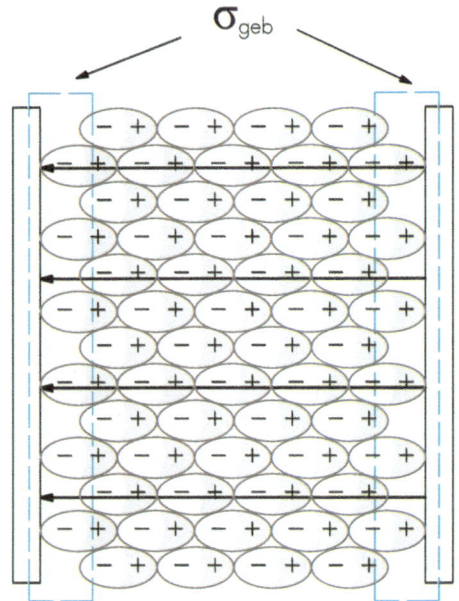

Abbildung 16.8 Kondensator bei konstanter Ladung mit Dielektrikum

Man kann auch die Fälle, in denen das Dielektrikum nicht den ganzen Zwischenraum ausfüllt, leicht behandeln, indem man sie auf eine Reihen- oder eine Parallelschaltung eines komplett gefüllten und eines leeren Kondensators zurück-
führt.
Die Regeln für die Parallel- und Reihenschaltung von Kondensatoren folgen im
nächsten Abschnitt.

16.6 Parallelschaltung von Kapazitäten

Liegen je zwei Platten zweier Kondensatoren an der gleichen Spannung (vgl.
Abb. 16.10), so spricht man von einer Parallelschaltung. Eine Ersatzkapazität
kann leicht berechnet werden:

$$U_1 \;=\; U_2 = U \tag{16.7}$$

$$q_1 \;=\; C_1 \cdot U_1 = C_1 \cdot U \tag{16.8}$$

$$q_2 \;=\; C_2 \cdot U_2 = C_2 \cdot U \tag{16.9}$$

$$q_{tot} \;=\; q_1 + q_2 = (C_1 + C_2) \cdot U \tag{16.10}$$

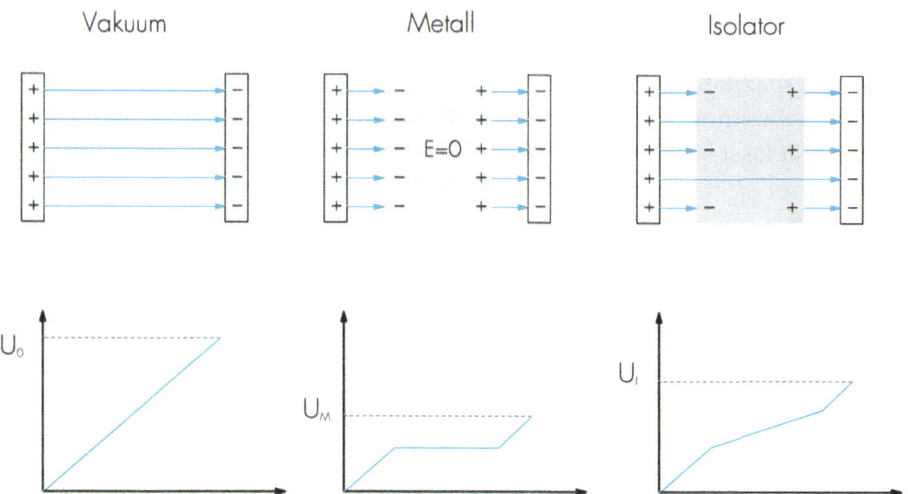

Abbildung 16.9   Spannungsverlauf am Plattenkondensator

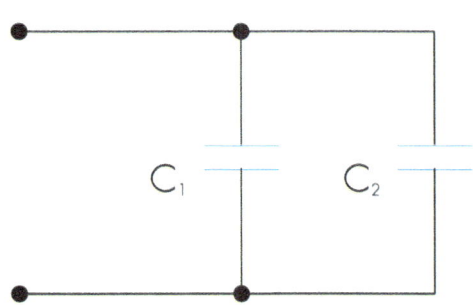

Abbildung 16.10   Parallelschaltung von Kapazitäten

Theorem 16.6   Parallelschaltung von Kapazitäten

Die Ersatzkapazität C einer Parallelschaltung von zwei Kapazitäten C_1 und C_2 ist gegeben durch

$$C = C_1 + C_2 \tag{16.11}$$

16.7 Reihenschaltung von Kapazitäten

Sind zwei Kapazitäten wie in Abb. 16.11 geschaltet, spricht man von einer Reihen- oder Serienschaltung. Hier haben die Platten jeweils die gleiche Ladung. Die Ersatzkapazität lässt sich auch hier leicht berechnen.

Abbildung 16.11 Reihenschaltung von Kapazitäten

$$q_1 = q_2 = q \tag{16.12}$$

$$U = U_1 + U_2 = \frac{q_1}{C_1} + \frac{q_2}{C_2} = q \cdot \left(\frac{1}{C_1} + \frac{1}{C_2} \right) \tag{16.13}$$

$$\frac{1}{C} = \frac{1}{C_1} + \frac{1}{C_2} \tag{16.14}$$

Theorem 16.7 Reihenschaltung von Kapazitäten
Die Ersatzkapazität C einer Reihenschaltung von zwei Kapazitäten C_1 und C_2 ist gegeben durch

$$\frac{1}{C} = \frac{1}{C_1} + \frac{1}{C_2} \tag{16.15}$$

16.8 Technische Ausführungen von Kondensatoren

In der technischen Ausführung von Kondensatoren wünscht man in aller Regel eine möglichst grosse Kapazität auf möglichst kleinem Bauraum. Wie wir jetzt wissen, gibt es dazu verschiedene Möglichkeiten: man kann die Plattenzwischen-räume mit Dielektrika füllen, den Abstand der Platten möglichst klein halten und/oder die Plattenflächen möglichst gross ausführen. Alle drei Punkte erfüllt man, wenn man die Platten als flexible Metallfolien ausführt, dazwischen eine isolierende Schicht aufbringt und das alles zusammen aufrollt. Eine kurze Über-sicht über die technischen Ausführungsformen geben die folgenden Listen.

16.8.1 Elektrolyt-Kondensatoren (bis 10 mF)

- Relativ hohes ε_r : Ta_2O_5, MnO_2, Al
- Grosse Fläche durch Sinterkörper
- Geringer Plattenabstand d durch dünne Oxid-Schicht

16.8.2 Keramik-Kondensatoren (bis 100 mF)

- MLCC = multilayer ceramic capacitors
- Hohes ε : $X7R, Y5V$ Bariumtitanat $\varepsilon = 200 - 14000$
- Grosse Fläche $\longrightarrow$ viele Lagen (multilayer)

16.8.3 Ultra-Caps (über 100 F)

- Doppelschichtkondensator mit extrem kleinem Plattenabstand d

16.8.4 MEMS (Micro-Electro-Mechanical Systems)

Grosse Bedeutung kommt heutzutage kapazitiven Sensoren in Smartphones oder Fahrerassistenzsystemen von Kraftfahrzeugen in miniaturisierter Form zu. Der Beschleunigungssensor kann z. B. so ausgeführt sein, dass ein metallischer Kamm fix und ein zweiter in den ersten verzahnter beweglich montiert ist. Dann führt eine Beschleunigung zur Änderung des Abstandes der Kammzähne und damit zur Änderung der elektrischen Kapazität. Oft soll auch eine Drehung de-tektiert werden: sei es, um damit Smartphone-Anwendungen zu steuern oder sei es, um das ESP im Fahrzeug zu regulieren. Auch hier gibt es eine kapazitive Ausführung, bei der ähnlich wie beim Beschleunigungssensor Kammstrukturen eingesetzt werden. Hier jedoch sorgt man aktiv für eine Schwingung der zweiten Kammstruktur gegenüber der ersten. Tritt dann um eine Achse senkrecht zu dieser Schwingungsrichtung eine Drehung auf, kommt es durch das Wirken der Coriolis-Kraft zu einer Verschiebung und einer damit verbundenen Kapazitätsänderung.

Kapitel 17
Magnetismus I

There is nothing in the world
except empty curved space.
Matter, charge, electromagnetism, and other fields
are only manifestations of the curvature of space.
John Wheeler (*in: New Scientist, 26 Sep 1974*)

17.1 Eigenschaften des Magnetfelds

Bisher haben wir elektrische Ladungen in Ruhe betrachtet und die von ihnen erzeugten elektrischen Felder genauer untersucht. Betrachtet man nun bewegte elektrische Ladungen (also elektrische Ströme), so zeigt sich, dass sie von einem Feld umgeben sind, das sich vom elektrischen Feld unterscheidet und Magnetfeld genannt wird.
Es finden sich folgende experimentelle Befunde:

- Ströme (bewegte Ladungen) und Magnete wirken auf andere Ströme und Magnete in ihrer Umgebung.
- Die Veränderung des Raumes in der Umgebung eines Stromes oder eines Magneten heisst magnetisches Feld H (oder auch magnetische Flussdichte $B = \mu_0 H$).[1]
- Das magnetische Feld ist ein Vektorfeld.
- Die Einheit des magnetischen Feldes H ist A/m, die Einheit der magnetischen Flussdichte B ist T=Tesla

Analog zum elektrischen Feld gibt es verschiedene Darstellungsmöglichkeiten des magnetischen Feldes. Eine davon ist die Darstellung durch Feldlinienbilder

1 $\mu_0 = 4\pi \cdot 10^{-7} \frac{V \cdot s}{A \cdot m}$ ist die magnetische Feldkonstante

© Der/die Herausgeber bzw. der/die Autor(en), exklusiv lizenziert an Springer Fachmedien Wiesbaden GmbH, ein Teil von Springer Nature 2025
S. Rinner, *Physik für Wirtschaftsingenieure*, Schriften zum Wirtschaftsingenieurwesen,
https://doi.org/10.1007/978-3-658-47960-2_17

mit folgenden Eigenschaften:

17.1.1 Eigenschaften magnetischer Feldlinienbilder

- Aus Feldlinienbildern kann man (analog zum elektrischen Feld) auf Betrag und Richtung des Vektors schliessen.
- Der Vektor der magnetischen Feldstärke in einem Raumpunkt steht tangential zur Feldlinie durch diesen Punkt.
- Der Betrag der magnetischen Feldstärke ist dort gross, wo die Feldlinien nahe bei einander liegen, d.h. wo die Feldliniendichte hoch ist
- im Gegensatz zu den Feldlinien des elektrostatischen Feldes haben die Magnetfeldlinien **keinen Anfangs- und Endpunkt**; sie sind in sich geschlossen (s. Abb. 17.1).
- Das magnetische Feld ist ein **Wirbelfeld**.
- Es gibt keine magnetischen Ladungen (Monopole).
- Die Feldlinien verlaufen im Aussenraum vom Nord- zum Südpol des Magneten.

Der Verlauf der magnetischen Feldlinien eines Stabmagneten ist in Abb. 17.2 (links) zu sehen.

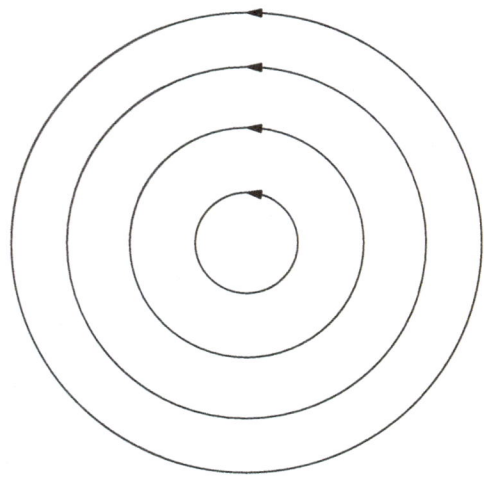

Abbildung 17.1   Quellenfreiheit Wirbelfeld

17.1.2 Erdmagnetfeld

– Das Erdmagnetfeld ist das Feld eines magnetischen Dipols.
– Der magnetische Südpol liegt in der Nähe des geographischen Nordpols.
– Die magnetischen Pole der Erde wandern.
– Die Deklination, das ist die Abweichung des magnetischen Südpols vom geographischen Nordpol, verändert sich merklich im Laufe der Zeit.

Der Verlauf des Erdmagnetfeldes mit magnetischem Nord- und Südpol ist in Abb. 17.2 (rechts) der Lage des geographischen Nord- und Südpols gegenübergestellt.

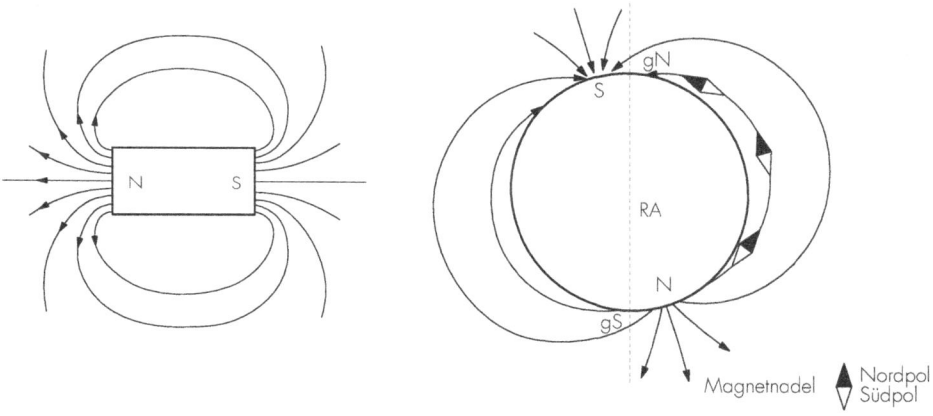

Abbildung 17.2 Magnetfeld Stabmagnet und Erdmagnetfeld mit geographischem Nordpol (gN) und magnetischem Nordpol (N)

17.2 Magnetfeld stromdurchflossener Leiter

Ein Strom in einem (beliebig geformten) Leiter erzeugt ein Magnetfeld im Aussenraum. Die Feldlinien dieses Magnetfelds sind konzentrische Kreise um den Leiter herum. Die Richtung der Feldlinien lässt sich mit der sogenannten Rechte-Hand-Regel merken:

Definition 17.1   Rechte-Hand-Regel

Zeigt der Daumen der rechten Hand in die Stromrichtung, so zeigen die (zur Hand-fläche hin gekrümmten) Finger der rechten Hand die Richtung der Feldlinien an (s. Abb. 17.3).

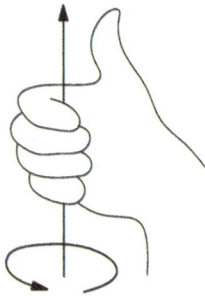

Abbildung 17.3   Rechte-Hand-Regel

17.3 Lorentz-Kraft

Man stellt experimentell fest, dass auf eine elektrische Ladung, die sich in einem Magnetfeld bewegt, eine Kraft wirkt, die sogenannte **Lorentz-Kraft** F_L. Im Detail weist die Lorentz-Kraft folgende Eigenschaften auf:

- Die Kraft steht stets senkrecht zur Geschwindigkeit der Ladung. Die Lorentz-kraft führt deswegen nie zu einer Energiezunahme des geladenen Teilchens. Die Lorentzkraft leistet keine Arbeit!
- Die Kraft ist direkt proportional zur Ladung des Teilchens.
- Die Ladung erfährt keine Kraft, wenn sie sich in Richtung der Feldlinien bewegt.
- Ein geladenes Teilchen, das in ein homogenes Feld eintritt, dessen Feldlinien senkrecht zur Flugrichtung verlaufen, wird auf eine Kreisbahn gezwungen.
- Die Bahnkurve eines geladenen Teilchens, das nicht senkrecht zu den Feldli-nien eines homogenen Feldes eingeschossen wird, ist eine Schraubenlinie.

Diese genannten Eigenschaften der Lorentz-Kraft lassen sich mathematisch mit Hilfe des Vektor-/Kreuzprodukts zwischen Geschwindigkeitsvektor $\vec{v}$ und dem Vektor der magnetischen Flussdichte $\vec{B}$ beschreiben.

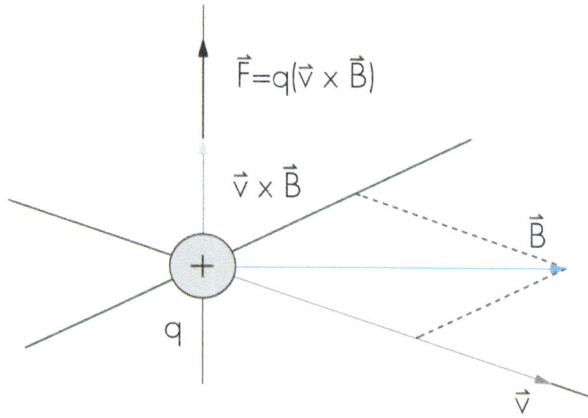

Abbildung 17.4 Lorentzkraft

Theorem 17.1 Lorentz-Kraft
Die Kraft auf eine Ladung Q, die sich in einem Magnetfeld mit der Flussdichte $\vec{B}$ mit der Geschwindigkeit $\vec{v}$ bewegt, ist gegeben durch

$$\vec{F}_L = Q\left(\vec{v} \times \vec{B}\right) \tag{17.1}$$

Die Richtung der Kraft lässt sich auch mit der rechten Hand bestimmen: zeigt der Daumen der rechten Hand in Richtung des ersten Vektors (hier: $\vec{v}$) und der Zeigefinger in Richtung des zweiten Vektors (hier: $\vec{B}$), dann zeigt der Mittelfinger in Richtung der Kraft. Der Kraftvektor steht stets senkrecht auf der von $\vec{v}$ und $\vec{B}$ aufgespannten Ebene (allgemeine Eigenschaft des Kreuzprodukts zweier Vektoren, vgl. Abb. 17.4). Man beachte, dass die Ladung Q sowohl positives als auch negatives Vorzeichen haben kann.

17.3.1 Hall-Effekt

Dieser Effekt ist nach dem US-amerikanischen Physiker Edwin Hall benannt und erkärt das Auftreten einer Spannung zwischen zwei Seiten eines stromdurchflossenen Leiters, wenn dieser sich in einem Magnetfeld befindet.
Zunächst wollen wir uns erst einmal überlegen, wie eine bewegte Ladung in einem Magnetfeld abgelenkt wird. In Abb. 17.5 ist dies schematisch dargestellt. Die wichtigen Punkte sind hierbei: die Ladung kommt zunächst aus einem feldfreien Raumbereich, tritt dann in einen Bereich mit einem Magnetfeld (schraffiert), das **senkrecht** zur Bewegungsrichtung der Ladung ist.
Sobald die Ladung in das Magnetfeld eintritt, wirkt die Lorentz-Kraft und führt zu einer Ablenkung der Ladung aus ihrer ursprünglichen Bewegungsrich-

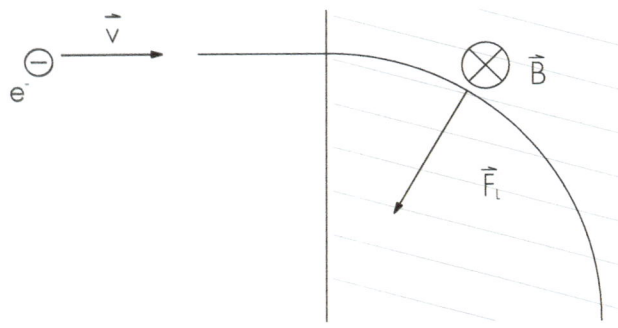

Abbildung 17.5 Ablenkung einer Punktladung

tung. Die Lorentzkraft steht stets senkrecht auf der momentanen Geschwindig-keit. Eine Kraft mit konstantem Betrag, die stets senkrecht zur Bewegungsrich-tung wirkt, erzeugt eine **Kreisbewegung**.

Theorem 17.2 Kreisbahn eines Elektrons in einem Magnetfeld
Ein Elektron, das senkrecht in ein homogenes B-Feld eintritt, bewegt sich auf einem Kreis mit Radius

$$r = \frac{m_e\, v}{e\, B} \tag{17.2}$$

Bislang wurde ja die Bewegungsfreiheit der Ladung nicht eingeschränkt. Be-wegt sich die Ladung aber im Innern eines elektrischen Leiters, so stellen dessen Wände natürlich Barrieren für die Bewegung dar.

Das Zustandekommen der Hall-Spannung wollen wir uns an Hand der Abb. 17.6 schrittweise überlegen. Im linken Teil der Abb. 17.6 bewegt sich im Innern des Leiters ein erstes Elektron mit der Geschwindigkeit $\vec{v}$ geradlinig nach links. Das Magnetfeld mit der Flussdichte $\vec{B}$ zeigt senkrecht dazu aus der Zeichenebene heraus. Das führt zu einer Ablenkung der Ladung an die Unterseite des Leiters.[2]
Das Gleiche gilt auch für alle weiteren Elektronen, die nun noch dazukom-men. Es baut sich eine negative Ladungsschicht an der Unterseite des gezeigten Leiters auf, was an der Oberseite eine positive Ladungsschicht hervorruft. Mit anderen Worten: ähnlich wie beim Plattenkondensator herrscht zwischen Ober- und Unterseite eine (zunehmende) Spannung. Desweiteren führen die Ladungs-schichten dazu, dass die folgenden Elektronen nun von der Oberseite angezogen

---

2 Falls Sie mit der Rechte-Hand-Regel für das Kreuzprodukt eine Ablenkung nach oben erwartet haben, haben Sie eine Kleinigkeit übersehen.

und von der Unterseite abgestossen werden: es gibt eine zur Lorentz-Kraft entgegengesetzte Kraft F_{el} (s. Abb. 17.6 Mitte). Infolgedessen kann die Spannung zwischen Ober- und Unterseite nur bis zu einem Maximalwert anwachsen: sobald nämlich beide Kräfte gleich gross sind, fliessen die dann ankommenden Elektronen unabgelenkt durch den Leiter (s. Abb. 17.6 rechts). Diesen Maximalwert nennt man **Hall-Spannung** U_H.

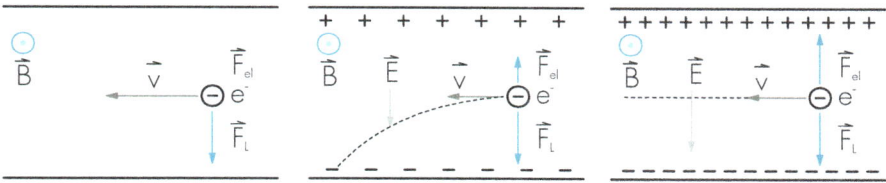

Abbildung 17.6   Hall-Effekt

Theorem 17.3   Hall-Spannung U_H
In einem (rechteckigen) Leiter der Dicke d, der sich in einem Magnetfeld mit der Flussdichte B befindet und vom Strom der Stärke I senkrecht zu B durchflossen wird, baut sich eine Spannung auf:

$$U_H = c_H \frac{I\,B}{d} \qquad (17.3)$$

mit der Materialkonstanten c_H (Hall-Konstante).

Technisch ist dieser Effekt sehr interessant und gibt auch eine Vielzahl von Anwendungen (berührungslose Positionsmessung, Messung der Stromstärke, Messung der magnetischen Flussdichte).

17.3.2 Magnetfeld bewegter Ladungen

Beginnen wir wieder damit, experimentelle Befunde zu nennen: im Experiment zeigt sich, dass bewegte elektrische Ladungen in ihrer Umgebung ein Magnetfeld erzeugen. Das hatte Hans Christian Ørsted im Jahr 1820 entdeckt. Eine elektrische Ladung ist natürlich auch immer von einem elektrischen Feld umgeben. Also hat die Bewegung eines elektrischen Feldes ein magnetisches Feld zur Folge.

Theorem 17.4 Magnetfeld einer bewegten Punktladung

Bewegt sich eine Punktladung Q mit der Geschwindigkeit $\vec{v}$, so lässt sich in der Entfernung r von der Punktladung ein magnetisches Feld der Flussdichte

$$\vec{B}(r) = \frac{\mu_0 \, Q}{4\pi r^2} \, (\vec{v} \times \hat{r}) \tag{17.4}$$

nachweisen. Dabei ist $\hat{r}$ der Einheitsvektor, der von P nach Q zeigt, $\mu_0 = 4\pi \cdot 10^{-7}\ H/m$ die magnetische Feldkonstante.

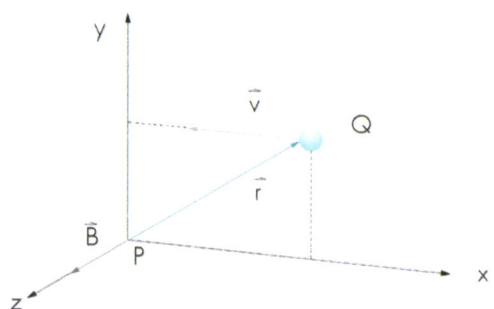

Abbildung 17.7 Magnetfeld einer bewegten Ladung

17.3.3 Magnetfeld von Strömen

Wie bereits einleitend zu diesem Kapitel erwähnt, gibt es zur Beschreibung von Magnetfeldern zwei physikalische Grössen: die magnetische Flussdichte $\vec{B}$ und die magnetische Feldstärke $\vec{H}$. Im Vakuum unterscheiden sich beide nur durch die Feldkonstante μ_0. Erst in Materie, die selbst magnetisierbar ist, zeigt sich der Unterschied: $\mu\vec{H} = \vec{B} - \vec{M}$ mit der Magnetisierung $\vec{M}$.

Um sich an den Gebrauch beider Grössen zu gewöhnen, ist das folgende Gesetz für die magnetische Feldstärke formuliert und bezieht sich auf die in Abb. 17.8 gezeigte Situation.

Theorem 17.5 Gesetz von Biot-Savart

Fliesst durch ein infinitesimales Leiterelement dl ein Strom der Stärke I, so erzeugt dies am Ort $\vec{r}$ ein Magnetfeld der Stärke

$$d\vec{H}(r) = \frac{I}{4\pi r^2} \left(d\vec{l} \times \hat{r} \right) \tag{17.5}$$

Dabei ist $\hat{r}$ ein Einheitsvektor.

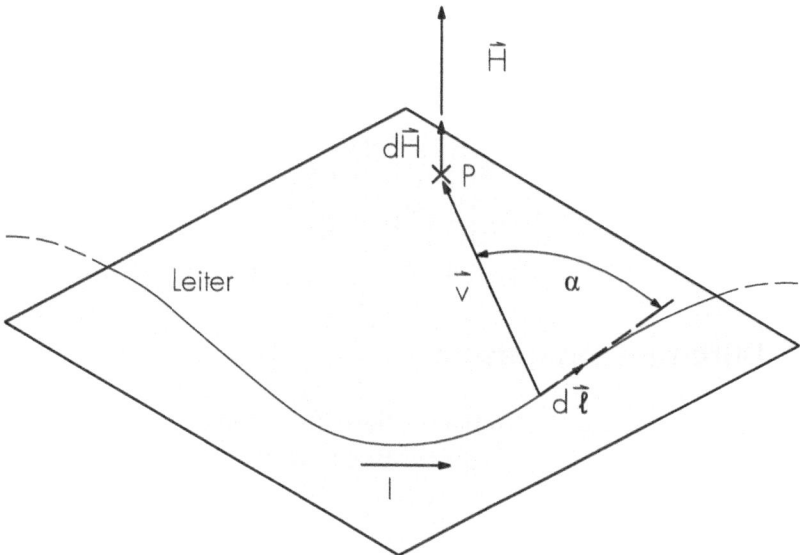

Abbildung 17.8 Gesetz von Biot-Savart

In Worten ausgedrückt lautet das Gesetz von Biot-Savart: Das Gesamtmagnetfeld $\vec{H}$ am gewählten Punkt erhält man (natürlich) durch Integration über alle Leiterelemente $d\vec{l}$.

Bevor Sie eine erste Anwendung davon sehen, noch einige Bemerkungen zum Biot-Savart'schen Gesetz:

– Das Magnetfeld ist an jedem Ort proportional zur Stromstärke (naja!).
– Das Magnetfeld fällt quadratisch mit dem Abstand zum betrachteten Ort ab.
– Das Magnetfeld steht senkrecht auf der Ebene, die durch $\hat{r}$ und $d\vec{l}$ aufgespannt wird.

17.3.4 Magnetfeld eines Kreisstroms

Zur Berechnung des Magnetfelds im Zentrum eines vom Strom I durchflossenen Kreisrings vom Radius r, ist die Anwendung des Biot-Savart'schen Gesetzes besonders einfach: man unterteilt den Leiter mit dem Umfang $2\pi r$ in infinitesimal kleine Leiterstücke der Länge dl und versieht sie mit einer Richtung $sd\vec{l}$, per Konvention identisch mit der Stromrichtung. Von jedem dieser Leiterelemente zeigt der Vektor $\hat{r}$ radial zum Kreismittelunkt und hat die Länge 1, (Einheitsvektor durch das Dach gekennzeichnet).

$d\vec{l}$ und $\hat{r}$ stehen an jeder Stelle senkrecht aufeinander und es gilt:

$$
\begin{aligned}
\vec{H}(r) &= \oint_C d\vec{H}(r) = \frac{I}{4\pi r^2} \oint_C \left(d\vec{l} \times \hat{r}\right) = \frac{I}{4\pi r^2} \oint_C (dl \cdot 1) \\
&= \frac{I}{4\pi r^2} \oint_C dl = \frac{I}{4\pi r^2} 2\pi r = \frac{I}{2r}
\end{aligned}
\tag{17.6}
$$

17.4 Durchflutungsgesetz

Das Durchflutungsgesetz bietet eine alternative Methode zur Berechnung magnetischer Felder, wenn man nicht das Biot-Savart-Gesetz bemühen möchte. Dazu ein neuer Begriff:

Definition 17.2 Durchflutung
Die Summe aller Ströme durch eine Fläche, die von einer geschlossenen Kurve berandet wird, heisst Durchflutung Θ. *Ströme in Richtung des Korkenziehers zählen hierbei positiv, die entgegen dieser Richtung negativ:*

$$
\Theta = \sum_k I_k \tag{17.7}
$$

Zur Erläuterung des Begriffs: die Ströme in Abb. 17.9, die nach oben fliessen zählen positiv, derjenige Strom, der nach unten fliesst zählt negativ.

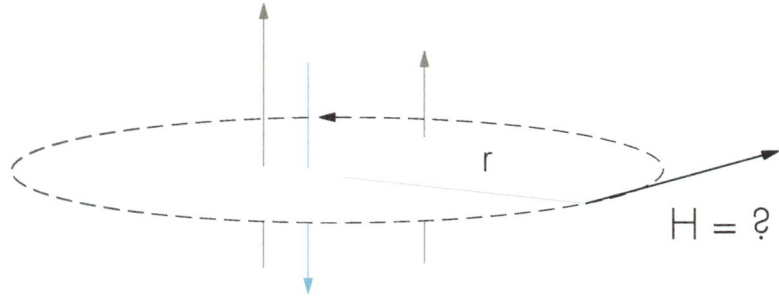

Abbildung 17.9 Zum Begriff Durchflutung

Wozu nützt das nun? Nun, möchte man im Abstand r von einem (oder mehreren) stromdurchflossenen Leitern das Magnetfeld berechnen, so wähle man zunächst einen Kreis mit Radius r und fahre fort mit der Anwendung des Durchflutungsgesetzes:

Theorem 17.6   Ampère'sches Durchflutungsgesetz
Fliessen durch eine Kreisfläche mit Radius r die Ströme I_1, I_2, ..., so ist das Magnetfeld im Abstand r:

$$H(r) = \frac{\Theta}{2\pi r} \tag{17.8}$$

17.4.1 Magnetfeld eines geraden Leiters

Besonders einfach wird das Durchflutungsgesetz im Fall eines einzigen geraden Leiters, wie in Abb. 17.10 zu sehen. Hier liefert das Gesetz:

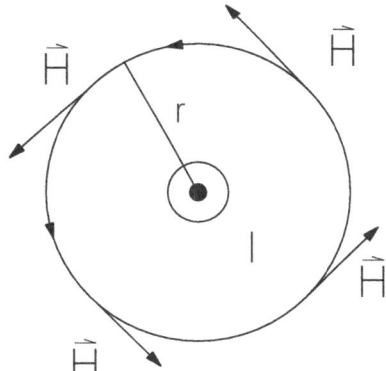

Abbildung 17.10   Magnetfeld eines geraden Leiters

$$H(r) = \frac{I}{2\pi r} \tag{17.9}$$

17.4.2 Kraft zwischen parallelen Leitern

Da auf bewegte elektrische Ladungen in einem Magnetfeld eine Kraft wirkt, gilt das auch für die Ladungen im Innern eines stromdurchflossenen Leiters, der sich in dem von einem anderen stromdurchflossenen Leiter erzeugten Magnetfeld im Abstand r befindet (Abb. 17.11).

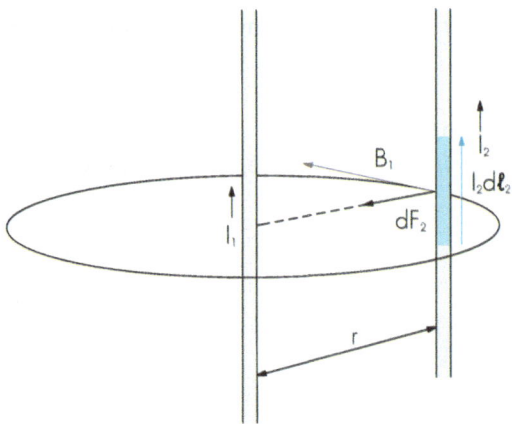

Abbildung 17.11 Kraftwirkung zwischen zwei parallelen Leitern

Das vom Leiter 1 erzeugte Feld ist

$$H_1 = \frac{I_1}{2\pi r} \tag{17.10}$$

Hier sollte erwähnt sein, dass aus der Lorentzkraft für eine bewegte Ladung die Kraft auf einen stromführenden Leiter im Magnetfeld folgt

$$\vec{F} = \mu_0 \cdot I \left(\vec{l} \times \vec{H} \right) \tag{17.11}$$

Die Kraft auf den stromführenden Leiter 2 ist

$$\vec{F}_{12} = \mu_0 I_2 \left(\vec{l} \times \vec{H}_1 \right) \tag{17.12}$$

Also insgesamt:

$$F_{12} = \mu_0 \frac{I_1 I_2 \, l}{2\pi r} \tag{17.13}$$

17.4.3 Magnetfeld einer Kreisringspule

Abb. 17.12 zeigt einen Querschnitt durch eine Kreisring- oder Torusspule mit N Windungen. Um das Magnetfeld in den drei verschiedenen gezeigten Bereichen zu berechnen, wenden wir dreimal das Durchflutungsgesetz an.

Am einfachsten ist der innere Bereich: Weg 3 wird von keiner Durchflutung durchsetzt, da er stromfrei ist, also ist das Magnetfeld hier Null. Weg 1 wird N-mal vom selben Strom I durchflossen, also ist das Magnetfeld in diesem Bereich

$$H = N \cdot \frac{I}{2\pi r} \tag{17.14}$$

Weg 2 beinhaltet N Windungen, die aus der Zeichenebene herausfliessen, aber auch genauso viele Windungen, in denen der Strom in die Zeichenebene hineinfliessen, daher ist die Durchflutung Null. Damit aber auch das Magnetfeld im Aussenraum der Spule.

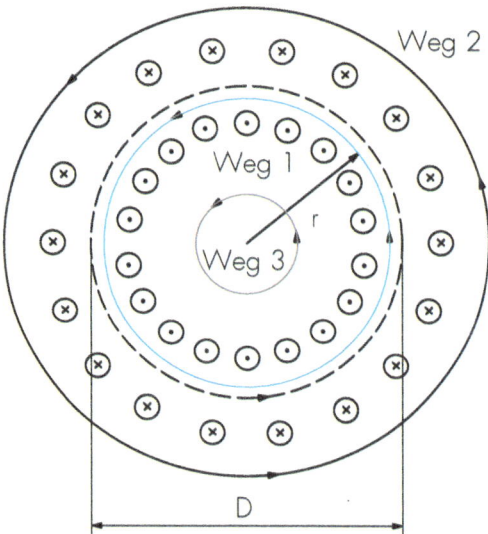

Abbildung 17.12 Magnetfeld einer Torusspule

Kapitel 18
Magnetismus II

Als der Tanz zuende war, ließ sich der König die
Suppe bringen und aß sie, und sie schmeckte
ihm so gut, daß er meinte, niemals
eine bessere Suppe gegessen zu haben.
(«*Allerleirauh*», *Brüder Grimm.*)

18.1 Induktionsphänomene

- Wird eine Leiterschlaufe in einem B-Feld gedreht, beobachtet man über den Schlaufenenden einen Spannungsstoss.
- Ein Spannungsstoss entsteht auch, wenn die Spule fixiert bleibt, hingegen die magnetische Flussdichte B, welche die Spulenfläche durchdringt, sich ändert.
- Hält man B konstant und die Schlaufenposition unverändert, macht aber die Spulenfläche grösser oder kleiner, resultiert wieder ein Spannungsstoss über den Leiterenden.

Diese experimentellen Ergebnisse lassen sich mathematisch durch die folgende Definition fassen:

> **Definition 18.1**   Magnetischer Fluss
> *Der magnetische Fluss φ_m durch eine Fläche mit Normalenvektor $\vec{A}$ im Winkel α zu einem homogenen Magnetfeld B ist definiert durch*
>
> $$\varphi_m = B \cdot A \cdot \cos(\alpha) \tag{18.1}$$

S. Rinner, *Physik für Wirtschaftsingenieure*, Schriften zum Wirtschaftsingenieurwesen, https://doi.org/10.1007/978-3-658-47960-2_18

18.2 Lenz'sche Regel

Mit dieser Definition lassen sich die eingangs beschriebenen experimentellen Befunde in einem Gesetz zusammenfassen.

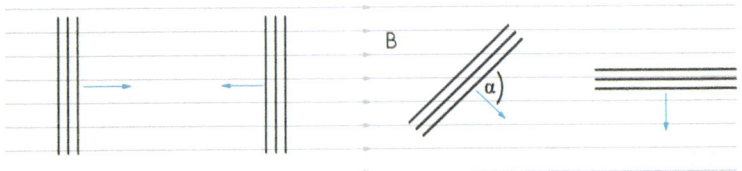

Abbildung 18.1 Zur Definition des magnetischen Flusses

Theorem 18.1 Induktionsgesetz
Ändert sich der magnetische Fluss φ_m durch eine Leiterschlaufe, so wird dadurch eine Spannung U_i induziert:

$$U_i = -\frac{d\varphi_m}{dt} \qquad\qquad (18.2)$$

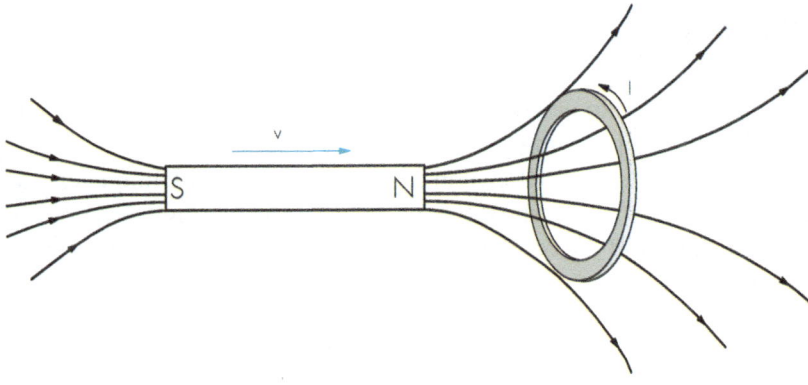

Abbildung 18.2 Ein veränderlicher magnetischer Fluss durch einen Ring induziert in diesem einen Strom, der ebenfalls von einem (induzierten) Magnetfeld umgeben ist, das der Flussänderung entgegengesetzt wirkt

Hierbei ist das Vorzeichen wichtig:

Theorem 18.2 Lenz'sche Regel
Die induzierte Spannung ist stets so gerichtet, dass sie ihrer Entstehung entgegenwirkt.

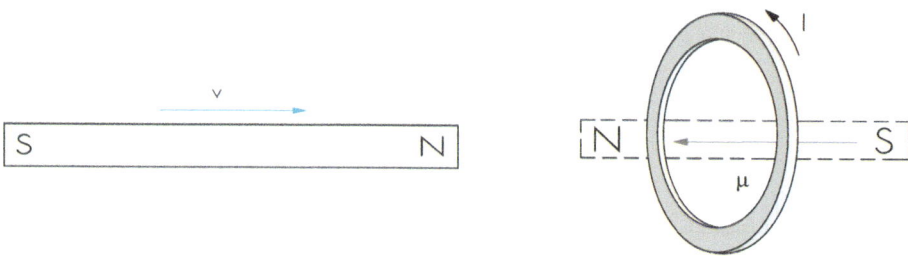

Abbildung 18.3 Der induzierte Strom wirkt wie ein Stabmagnet, der den äusseren Magnet abstösst

Wir wollen uns die Lenz'sche Regel an Abb. 18.2 klarmachen. Nähert man einen Stabmagnet einem leitenden Ring, so verursacht das eine Änderung des magnetischen Flusses durch die Kreisfläche, und zwar nimmt der Fluss zu. Das verursacht einen Strom im Ring, der seinerseits mit einem Magnetfeld verbunden ist. Dieser Strom fliesst nach der Lenz'schen Regel in der Richtung, dass die Zunahme des magnetischen Flusses vermindert wird. Das entspricht wie in Abb. 18.3 zu sehen einem induzierten Stabmagnet mit entgegengesetzter Polung.

Abb. 18.4 macht das noch einmal deutlich: der magnetische Fluss durch die Kreisfläche, verursacht durch die magnetische Flussdichte B_1 des Stabmagneten, nimmt bei einer Annäherung um ΔB_1 zu. Das hat eine Induktionsspannung U_i zur Folge und auf Grund des Kurzschlusses im Ring führt das zu einem Stromfluss, der wiederum eine magnetische Flussdichte B_2 erzeugt, die der Flussänderung entgegengesetzt ist.

In Abb. 18.6 ist eine Leiterschlaufe zu sehen, die von einem Magnetfeld durchsetzt wird, das in die Zeichenebene hinein zeigt und das anwächst. Das verursacht eine Induktionsspannung und einen Induktionsstrom in der Schlaufe, der mit einem Magnetfeld verbunden ist, welches der Flussänderung entgegenwirkt: da ΔB in die Zeichenebene hinein zeigt, ist das induzierte Magnetfeld aus der Zeichenebene heraus gerichtet, was nach der Rechte-Hand-Regel einen Induktionsstrom im Gegenuhrzeigersinn bedingt.

18.3 Bewegungsspannung

Nun kann sich der magnetische Fluss durch eine Fläche aber auch dadurch ändern, dass sich wie in Abb. 18.7 zu sehen, die Fläche selbst ändert. Bewegt man den Leiterbügel der Länge ℓ mit der Geschwindigkeit $\vec{v}$ nach rechts, so kommt

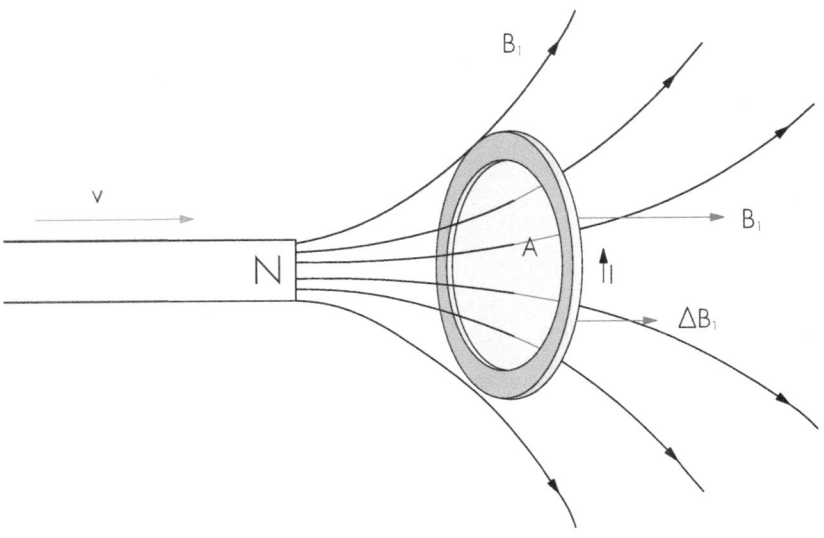

Abbildung 18.4 Zur Veranschaulichung der Änderungsrichtung der magnetischen Flussdichte durch den Ring

es zu einer Induktionsspannung, die man wie folgt berechnet:

$$\varphi_m(t) \quad = \quad B\,A(t) = B\,x(t)\,\ell \tag{18.3}$$

$$\frac{d\varphi_m}{dt} \quad = \quad B\,v\,\ell \tag{18.4}$$

$$U_i \quad = \quad -\frac{d\varphi_m}{dt} = -B\,v\,\ell \tag{18.5}$$

Eine weitere Möglichkeit zur Änderung des magnetischen Flusses ist die Drehung einer Leiterschlaufe in einem Magnetfeld wie in Abb. 18.8 zu sehen. Dreht
man die Leiterschlaufe mit der Winkelgeschwindigkeit ω, so erzeugt (generiert)
man eine Spannung gemäss

$$\varphi_m(t) \quad = \quad N\,B\,A(t) = N\,B\,A\cos(\omega\,t) \tag{18.6}$$

$$\frac{d\varphi_m}{dt} \quad = \quad -N\,\omega\,B\,A\sin(\omega\,t) \tag{18.7}$$

$$U_i \quad = \quad -\frac{d\varphi_m}{dt} = N\,\omega B\,A\sin(\omega\,t) \tag{18.8}$$

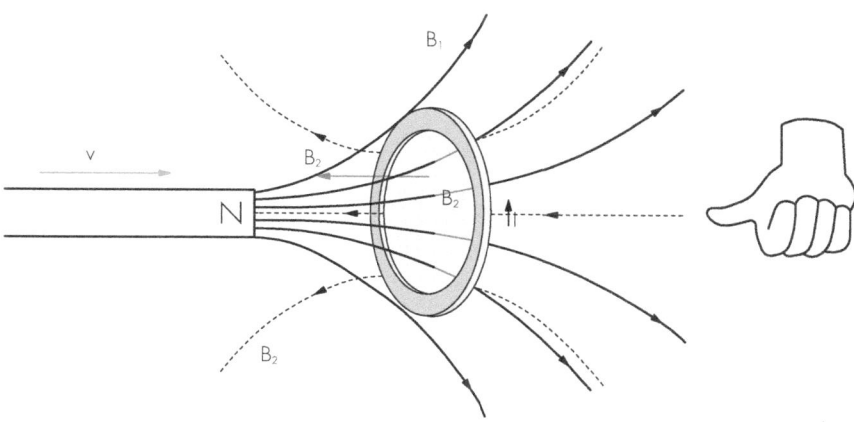

Abbildung 18.5 Rechte-Hand-Regel für die Stromrichtung

18.4 Transformatorspannung

Die vorangegangenen Beispiele bezogen sich allesamt auf Fälle, in denen die Änderung des magnetischen Flusses dadurch zustande kommt, dass sich die Fläche, die das Magnetfeld durchsetzt, änderte. Eine weitere Möglichkeit besteht in der zeitlichen Änderung des Magnetfelds an sich, was im Folgenden näher untersucht werden soll.

18.4.1 Gegeninduktion

Dazu betrachte man das Magnetfeld einer grossen Zylinderspule (Windungszahl N, Länge ℓ) auf ihrer Achse, das sich (hier ohne Beweis) wie folgt berechnen lässt:

$$B(t) = \mu_0 \frac{N}{\ell} I(t) \tag{18.9}$$

Befindet sich wie in Abb. 18.9 eine Probespule (Windungszahl $N_{pr.}$, Fläche $A_{pr.}$) auf der Achse, so wird in ihr durch das zeitlich veränderliche Feld $B(t)$ der grossen Spule eine Spannung induziert:

$$U_i = -\mu_0 N_{pr.} A_{pr.} \frac{N}{\ell} \frac{dI}{dt} \tag{18.10}$$

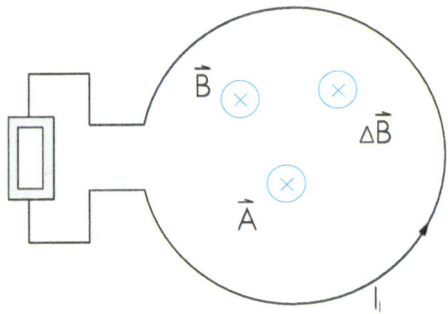

Abbildung 18.6 Zur Veranschaulichung der Stromrichtung bei vorgegebener Änderungsrichtung der magnetischen Flussdichte

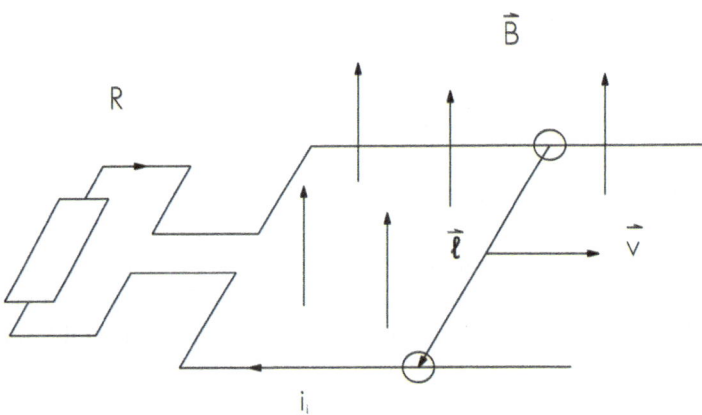

Abbildung 18.7 Änderung des magnetischen Flusses durch die Fläche einer Leiterschlaufe, indem die Fläche vergrössert wird

18.4.2 Selbstinduktion

Die beschriebene Gegeninduktion in einer zweiten Spule gilt aber auch für die
Spule selbst: ändert sich das Magnetfeld mit der Zeit, so wird in ihr selbst eine
Spannung induziert, die dieser Änderung entgegenwirkt: setzt man $N_{pr.} = N$,
so erhält man

Theorem 18.3 Selbstinduktion
*Ändert sich das Magnetfeld $B(t)$ durch die Änderung des Stroms $I(t)$ durch eine Spu-
le mit Windungszahl N, der Länge ℓ und Querschnittsfläche A, so kommt es zu einer*

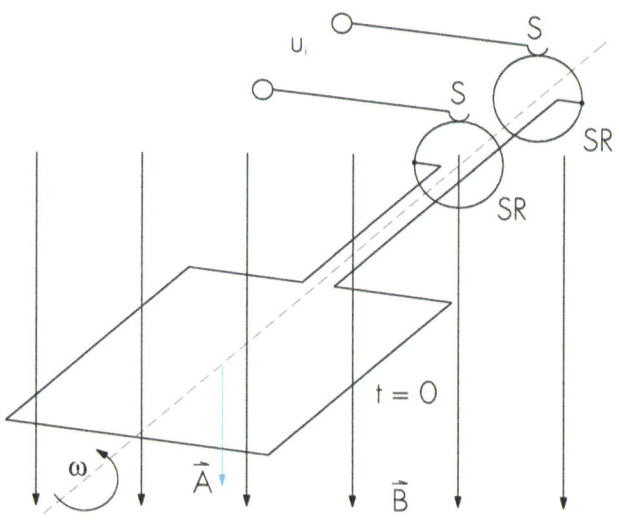

Abbildung 18.8 Änderung des magnetischen Flusses durch die Fläche einer Leiterschlaufe, indem diese im Feld gedreht wird

Induktionsspannung

$$U_i = -\mu_0 A \frac{N^2}{\ell} \frac{dI}{dt} \tag{18.11}$$

Definition 18.2 Induktivität L
Der Proportionalitätsfaktor $\mu_0 A \frac{N^2}{\ell}$ *heisst* Induktivität L.

In Abb. 18.10 ist ein Transformator zu sehen, mit dem man Wechselspannungen transformieren kann. Zu verstehen ist das Prinzip mit Hilfe des Induktionsgesetzes. Um einen Eisenkern sei links eine Spule mit Windungszahl n_1 (Primärspule) gewickelt, an der die Wechselspannung U_1 liege. Diese ruft einen Wechselstrom mit sinusförmiger Zeitabhängigkeit durch die Spule hervor, mit dem ein Magnetfeld im Innern der Spule (mit ebenfalls sinusförmiger Zeitabhängigkeit) verknüpft ist. Dieses zeitlich veränderliche Magnetfeld im Innern der Sekundärspule induziert in ihr eine Induktionsspannung. Die induzierte Spannung weist ebenfalls eine sinusförmige Zeitabhängigkeit auf. Der Eisenkern dient zur Leitung des magnetischen Flusses in die Sekundärspule rechts mit einer Windungszahl n_2.

Das Transformieren von Spannungen geht in der Realität nie ohne Energieverluste vor sich. Man unterscheidet zwei Verlustmechanismen: **Eisenverluste** im Transformatorkern (durch Hysterese von Eisen und induzierte Wirbelströ-

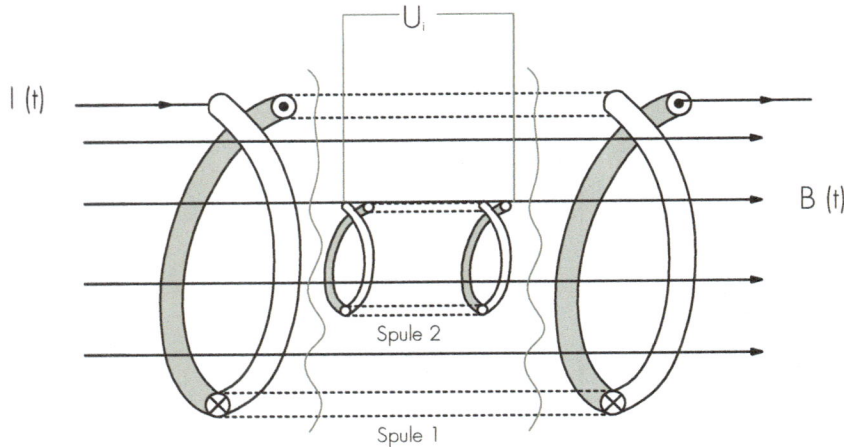

Abbildung 18.9 Gegeninduktion

me) sowie **Kupferverluste** in den Kupferwicklungen der Spule. Obwohl der Wirkungsgrad bei Grosstransformatoren einen Wert von 97% haben kann, müssen sie dennoch gekühlt werden, weil die auftretende Verlustwärme so gross ist.

Es gilt:

$$U_1 = -n_1 \frac{d\varphi_m}{dt} \tag{18.12}$$

$$U_2 = -n_2 \frac{d\varphi_m}{dt} \tag{18.13}$$

$$\frac{U_1}{U_2} = \frac{n_1}{n_2} \tag{18.14}$$

Die Spannungen verhalten sich also wie die Windungszahlen.

18.5 Energie des Magnetfelds

Zur Berechnung des Energieinhalts eines homogenen Magnetfelds $\vec{B}$ betrachte man eine lange Spule der Induktivität L. Wenn in einer solchen Spule ein Strom I_0 eingeschaltet wird, muss die Quelle während des Stromanstiegs gegen die induzierte Spannung U_i Arbeit leisten. Die Arbeit, die geleistet werden muss, um die Stromstärke um den infinitesimalen Betrag dI zu erhöhen, ist gegeben durch

$$dW = P(t)\,dt = |U_i(t)|\,I(t)\,dt = L\frac{dI(t)}{dt}\,I(t)\,dt = L\,I(t)\,dI \tag{18.15}$$

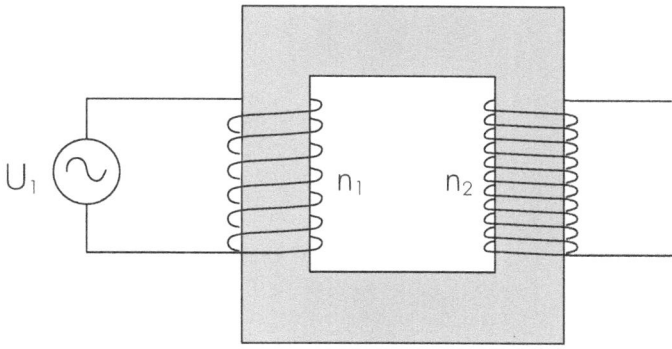

Abbildung 18.10 Transformator

Und daraus folgt für die Gesamtarbeit

$$W = L \int_0^{I_0} I(t)dI = \frac{1}{2}L\,I_0^2 \tag{18.16}$$

Theorem 18.4 Energieinhalt des Magnetfelds
Der Energieinhalt des Magnetfelds einer Spule der Induktivität L, die vom Strom der Stärke I_0 durchflossen wird, ist gegeben durch

$$W = \frac{1}{2}L\,I_0^2 \tag{18.17}$$

Schlusswort

«Wir haben jetzt das Land [...] nicht allein durchreist, und jeden Teil davon sorgfältig in Augenschein genommen, sondern es auch durchmessen, und jedem Dinge auf demselben seine Stelle bestimmt. Dieses Land aber ist eine Insel, und durch die Natur selbst in unveränderliche Grenzen eingeschlossen. Es ist das Land der Wahrheit (ein reizender Name), umgeben von einem weiten und stürmischen Ozeane, dem eigentlichen Sitze des Scheins, wo manche Nebelbank, und manches bald wegschmelzende Eis neue Länder lügt, und indem es den auf Entdeckungen herumschwärmenden Seefahrer unaufhörlich mit leeren Hoffnungen täuscht, ihn in Abenteuer verflicht, von denen er niemals ablassen und sie doch auch niemals zu Ende bringen kann.»

Immanuel Kant (1724 - 1804), Kritik der reinen Vernunft

S. Rinner, *Physik für Wirtschaftsingenieure*, Schriften zum Wirtschaftsingenieurwesen, https://doi.org/10.1007/978-3-658-47960-2

Index

A

Abgeschlossenes System
  drehmomentmässig 65
  energiemässig 54
  kräftemässig 58
Äquipotentialflächen 155
Äquipotentiallinien 155
Aktionsprinzip
  der Rotation 44
  der Rotation allgemein 64
  der Translation 42
  der Translation allgemein 61
Ampère ↗ Basiseinheiten
Aperiodischer Grenzfall 132
Arbeit
  bei konstanter Kraft 47
  bei nicht-konstanter Kraft 48
  Beschleunigungsarbeit 51
  Definition 47
  Federspannarbeit 50
  Hubarbeit 49
Arbeitsarten 48
Archimedisches Prinzip 86
Auftrieb
  an Tragflächen 107
  dynamischer 107
  statischer 86
Auftriebskoeffizient 109

Auftriebskraft
  dynamische 109
  statische 86

B

Barometrische Höhenformel 80
Basiseinheiten 4
Bernoulii-Gleichung 96
Beschleunigung
  mittlere 29
  momentane 29
Bewegung
  geradlinig 26
   geradlinig gleichförmig 26
  gleichmässig beschleunigt 28
  krummlinig 28
Bewegungsgleichungen 30
Bewegungsspannung 221
Biot-Savart, Gesetz von 212
Blindwiderstand 187
Bogenlänge 34
Boyle-Mariotte, Gesetz von 80

C

Candela ↗ Basiseinheiten
Coulomb, Gesetz von 144

D

Dalton, Gesetz von 81
Dielektrikum 143

Drehimpuls 62
  eines starren Körpers 63
Drehmoment 15
Drehmomentstoss 63
Druckwiderstand 105
Durchflutung 214
Durchflutungsgesetz
  Ampère'sches 214

E
Eisenverluste 226
Elektrische Ladung 141
Elektrische Leiter
  erster Art 143
  zweiter Art 143
Elektrisches Feld 141
Elektromagnetismus ↗ Grundkräfte
Elementarladung e 142
Energie 52
  der Rotation 64
  des Magnetfelds 226
  elektrische 186
  Federspann- 54
  kinetische 54
  potentielle 53
Erhaltungssatz
  der elektrischen Ladung 143
  der Energie 54
  des Drehimpulses 65
  des Impulses 58
Experimentalphysik 1

F
Fehler 8
  systematische 8
  zufällige 8
Feld
  elektrisches 146
Feldlinien
  des Magnetfelds 206
  elektrische 148
Figure 134

Flächenladungsdichte 160
Flüssigkeiten
  ideale 93
  reale 101
Fluiddynamik 93
  Reynolds-Zahl 103
Fluide 77
Fluidik 77
Fluss
  elektrischer 161
  magnetischer 219
Freier Fall 30
Frequenz 36

G
Gauss'scher Satz 160, 162
Gedämpfte Schwingungen 129
Gegenfeldmethode 159
Gegeninduktion 223
Geschwindigkeit
  mittlere 27
  momentane 27
Gleichgewicht
  eines Massenpunktes 13
  eines starren Körpers 14
Gleichstrom
  elektrischer 143
Gleitreibung 21
Gleitreibungszahl 21
Gravitation ↗ Grundkräfte
Gravitationsfeld 73
Gravitationsgesetz
  Netwon'sches 45
Grössen 4
  Grössenordnungen 6
  Messung 7
  physikalische 4
  skalare 4
  vektorielle 4
Grundgrössen von Schwingungen 114
Grundkräfte 2

H

Haftreibung 20
Haftreibungszahl 21
Halbleiter 143
Hall-Effekt 209
Heissleiter 144
Hooke, Gesetz von 17

I

Ideale Flüssigkeiten 82
  Bernoulli-Gleichung 96
  Druckausbreitung 82
  Eigenschaften 82
  hydraulische Presse 82
  Schweredruck 83
Ideale Gase 80
Impedanz
  komplexe 189
Impuls 57
  -änderung 57
Induktion 220
Induktion, Gesetz der 220
Induktionsphänomene 219
Induktivität 187, 225
Influenz 165
Influenzgesetz 171
Influenzgleichung 171
Isolator 143

K

Kaltleiter 144
Kapazität 187, 191
  Kugelkondensator 194
  Plattenkondensator 192
Kelvin ↗ Basiseinheiten
Kepler'sche Gesetze 67
  Theorie der 69
Kilogramm ↗ Basiseinheiten
Kirchhoff'sche Gesetze 183
Knotensatz 183
Kombinationssatz 44
Kompressibilität 79

Kompressionsmodul 79
Kondensator 187, 191
Kontaktkraft 18
Kontinuitätsgesetz 94
Koronaentladungen 173
Kraft
  zwischen parallelen Leitern 215
Kraftbeispiele 16
Kraftstoss 58
Kraftwirkung 12
Kreisbewegung 34
Kriechfall 132
Kupferverluste 226

L

Länge 5
Leistung 52
  elektrische 187
Leiter
  elektrische 143
  im elektrischen Feld 165
  Innenraum 168
Lenz'sche Regel 220
Linienladungsdichte 160
Lorentz-Kraft 208

M

Magnetfeld 205
  bewegter Ladungen 211
  der Erde 207
  Eigenschaften 205
  einer Kreisringspule 217
  eines geraden Leiters 215
  eines Kreisstroms 213
  stromdurchflossener Leiter 207
  von Strömen 212
Magnus-Effekt 107
Maschensatz 184
Masse 5
Massenpunkt 12
Meter ↗ Basiseinheiten
Mol ↗ Basiseinheiten

N

Netzwerk
  elektrisches 177
Netzwerkberechnung 177
Newton'sches Axiom
  drittes 42
  erstes 41
  zweites 42

O

Oberflächenspannung 90
Ortsvektor 25

P

Paradoxon
  hydrodynamisches 99
  hydrostatisches 84
Parallelschaltung
  von Kapazitäten 201
  von Widerständen 182
Pascal, Gesetz von 78
Periodendauer 36
Physik, Teilgebiete 3
Potential
  elektrisches 153
  Gravitations- 75

Q

quantisiert 142

R

Rechte-Hand-Regel
  für die Stromrichtung 221
Reibung v-prop. 130
Reibungsgesetz
  Newton'sches 101
Reibungskraft 18
Reibungswiderstand 104
Reihenschaltung
  von Kapazitäten 202
  von Widerständen 181
Reynolds-Zahl 103

S

Satellitenbahnen 70
Satz von Gauss 160, 162
Satz von Steiner 44
Scheinwiderstand 187
Schwache Wechselwirkung ⟋ Grund-
    kräfte
Schwingungen in Natur und Technik
    113
Sekunde ⟋ Basiseinheiten
Selbstinduktion 224
Spannung
  elektrische 157
Spannungsquelle
  ideale 178
  reale 185
Spiegelladung, Methode der 169
Spule 187
Starke Wechselwirkung ⟋ Grundkräf-
    te
Starrer Körper 12
Statik 12
Stoss 59
  nicht-zentral elastisch 60
  vollkommen inelastisch 59
  zentral elastisch 60
Strömung
  idealer Flüssigkeiten 93
  laminare 102
   realer Flüssigkeiten 101
  stationäre 95
  turbulente 102
Strömungslinien 95
Stromquelle, ideale 177
Stromrichtung
  physikalische 178
  technische 178

T

Theoretische Physik 1

Trägheitsmoment
  einer Punktmasse 43
  eines Körpers 44
Transformator 225
Transformatorspannung 223
Trockene Reibung 133

V

Venturi-Rohr 99
Verbraucherpfeilsystem 179
Verschiebungsdichte 165
Viskosität 101
Volumenladungsdichte 160
Volumenstrom 93

W

Wechselspannung 187

Wechselstrom 187
Widerstand
  Ohm'scher 180
  spezifischer 180
Winkelbeschleunigung 35
Winkelgeschwindigkeit 35
Wirbelbildung 105
Wirbelschleppen 110
Wirkwiderstand 187
Wurf
  horizontaler 32
  vertikaler 31

Z

Zeit 5
Zentripetalbeschleunigung 37
Zentripetalkraft 38

The manufacturer's authorised representative in the EU is Springer
Nature Customer Service Centre GmbH, Europaplatz 3, 69115 Heidelberg,
Germany. If you have any concerns regarding our products, please
contact ProductSafety@springernature.com

Printed and bound by CPI Group (UK) Ltd, Croydon, CR0 4YY
28/04/2026
02098516-0010